Abdelkader Benzian

Crescimento e caraterização de cristais

Abdelkader Benzian

Crescimento e caraterização de cristais

ScienciaScripts

Imprint

Cover image: www.ingimage.com

This book is a translation from the original published under ISBN 978-620-7-46165-3.

Publisher:
Sciencia Scripts
is a trademark of
Dodo Books Indian Ocean Ltd. and OmniScriptum S.R.L publishing group

120 High Road, East Finchley, London, N2 9ED, United Kingdom
Str. Armeneasca 28/1, office 1, Chisinau MD-2012, Republic of Moldova, Europe
Managing Directors: Ieva Konstantinova, Victoria Ursu
info@omniscriptum.com

Printed at: see last page
ISBN: 978-620-8-59794-8

Abdelkader BENZIAN

Mestre em Física, Escola Politécnica Nacional de Oran, Argélia.

Membro do Laboratório de Física de Partículas e Física Estatística, LPPPS,

Ecole Normale Supérieure de Kouba-Alger, Algérie.

Conteúdo

Resumo

O crescimento de um semicondutor sobre outro, conhecido como processo de heteroepitaxia, desenvolveu a produção de uma vasta gama dos chamados dispositivos heteroepitaxiais, tais como díodos emissores de luz de alto brilho, lasers e transístores de alta frequência. O desenvolvimento de dispositivos que utilizam outros materiais baseia-se na escolha do substrato e é representado pela combinação camada epitaxial/substrato. Esta combinação, utilizando o processo de crescimento, exige que se realize ao máximo a compatibilidade química e cristalográfica, na qual a orientação cristalográfica da camada é exatamente determinada pelo cristal do substrato. A estrutura da superfície do cristal do substrato pode ter um efeito importante nas propriedades do cristal epitaxial. Por outro lado, a homoepitaxia é outro processo que difere da heteroepitaxia, se o substrato e a camada tiverem a mesma composição química, falamos de homoepitaxia, como é o caso de $GaAs/GaAs$, e falamos de heteroepitaxia, se a camada/substrato tiverem composições químicas diferentes, como é o caso de $InP/GaAs$. Estes materiais são utilizados para produzir dispositivos LED de alta qualidade e transístores de elevada mobilidade.

Palavras-chave: Fase de vapor, Semicondutores, Redes de Bravais, Energia de bandgap.

1. INTRODUÇÃO

De um modo geral, a estrutura da superfície de um substrato semicondutor que será retirado, em primeiro lugar, de um cristal truncado a granel que será sujeito à superfície reconstruída para assumir um rearranjo diferente dos seus átomos (como consequência, a estrutura da superfície reconstruída, um campo eletrostático pode desenvolver-se na interface, resultando numa interface rugosa com propriedades eléctricas degradadas). Os arranjos atómicos da superfície determinam a identificação da sua simetria, de acordo com as catorze redes de Bravais, os arranjos atómicos da superfície podem ser detectados por técnicas de difração de electrões, tais como a difração de electrões de baixa energia (LEED) e a difração de electrões de alta energia de reflexão (RHEED), o que permite classificar cinco tipos de redes de superfície: quadradas, rectangulares, rectangulares centradas, hexagonais e oblíquas[2].

Os métodos de heteroepitaxia contribuem para a produção de dispositivos semicondutores compostos, tais como heterojunções de semicondutores: díodos laser, díodos emissores de luz de elevado brilho e transístores de alta frequência.

A energia de hiato determina a gama de comprimentos de onda de emissão que permite classificar os materiais de acordo com a sua aptidão para formar dispositivos de heterojunção produzidos de acordo com a combinação de materiais com diferentes energias de hiato, o que requer heteroepitaxia desfasada devido às diferentes constantes de rede **(Figura 1)**, pelo que apenas estão disponíveis cristais de$\mathrm{Si, GaAs, InP, 6H-SiC, 4H-SiC}$, e safira ($\alpha - \mathrm{Al_2O_3}$), que seguem as orientações cristalinas disponíveis : $\mathrm{Si\ (001), Si\ (111), GaAs\ (001), InP\ (001), 6H-SiC\ (0001), 4H-SiC\ (0001)}$, e safira (0001)

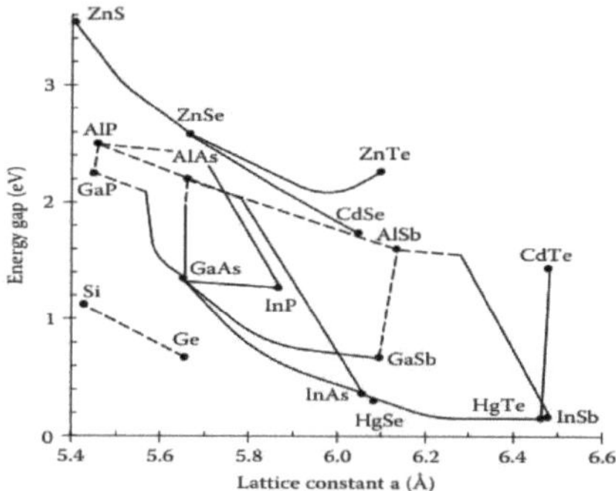

FIGURA.1: Diferença de energia em função da constante de rede para semicondutores cúbicos. São apresentados valores à temperatura ambiente. As linhas a tracejado indicam um hiato indireto[2]

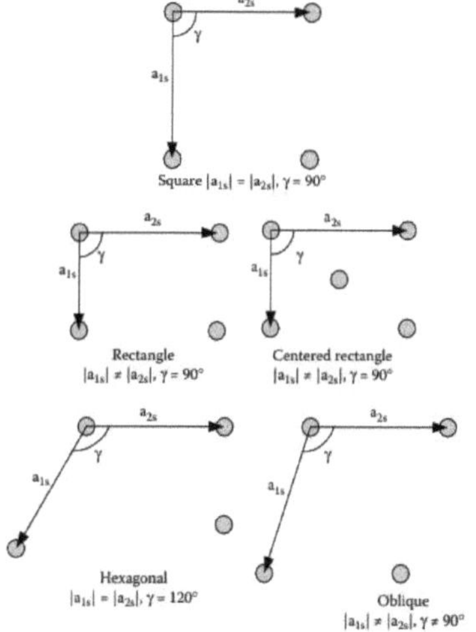

Figura. 2: Células unitárias das cinco redes de superfície. (Reproduzido de Wood, E.A., J. Appl. Phys., 35, 1306, 1964. Com permissão. Copyright 1964, American Institute of Physics). [2]

Além disso, as superfícies reconstruídas que dependerão geralmente da temperatura são classificadas utilizando *a notação de Wood* como a relação entre a malha reconstruída e a malha do plano exposto em massa, esta notação é ilustrada como$(a_{1s}/a_{1b} \times a_{2s}/a_{2b})$, onde, onde$R$ indica uma rotação da malha de superfície em relação à massa e é seguida pelo valor desta rotação em graus. (Se não houver rotação da malha de superfície,R é omitido).
a_{1s} ,a_{2s} denotam as translações unitárias coma_s é a malha de superfície.

a_{1b},a_{2b} denota as translações unitárias de uma superfície não reconstruída (plano exposto em massa) coma_b é a malha de uma superfície não reconstruída. **(Figura.2)**

Estruturas de superfície para a ilustração da notação de Wood, $\mathrm{Pt}(100)(\sqrt{2} \times 2\sqrt{2})$ R 45° **(Figura. 3)**

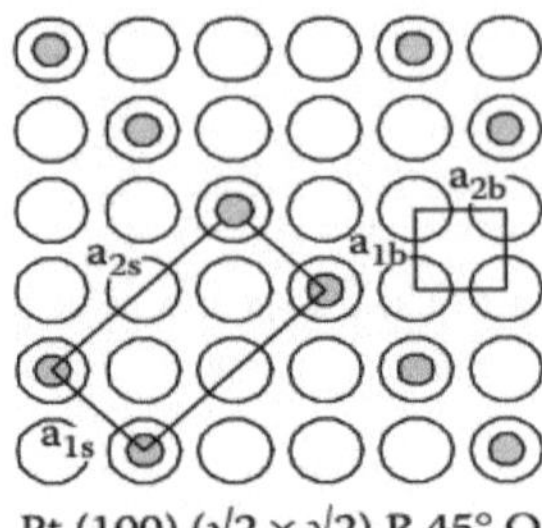

Figura. 3: mostra o oxigénio adsorvido numa superfície$\mathrm{Pt}(100)$, com uma malha$(\sqrt{2} \times 2\sqrt{2})$ rodada por45° , e a notação neste caso é $\mathrm{Pt}(100)(\sqrt{2} \times 2\sqrt{2})$ R 45° .

Verificou-se que a superfícieInP (001) apresenta uma reconstrução(2×1), a adsorção do tensioativoSb pode conduzir a uma série de estruturas de superfície emInP (001) , incluindo uma série de variantes$(2 \times 3), (2 \times 4), (4 \times 3), and\ (4 \times 4)$.

Por outro lado, pode-se perceber o que se chama de mudança de fase irreversível quando a superfície de Si (111) após a clivagem sob vácuo ultra-alto à temperatura ambiente mostra uma reconstruçãoSi $(111)(2 \times 1)$, e após o aquecimento a uma temperatura acima de 350°C, umSi $(111)(7 \times 7)$ é mostrado na **Figura.4 [2]**, esta transição deSi $(111)(2 \times 1)$ paraSi $(111)(7 \times 7)$ é conhecida como mudança de fase irreversível

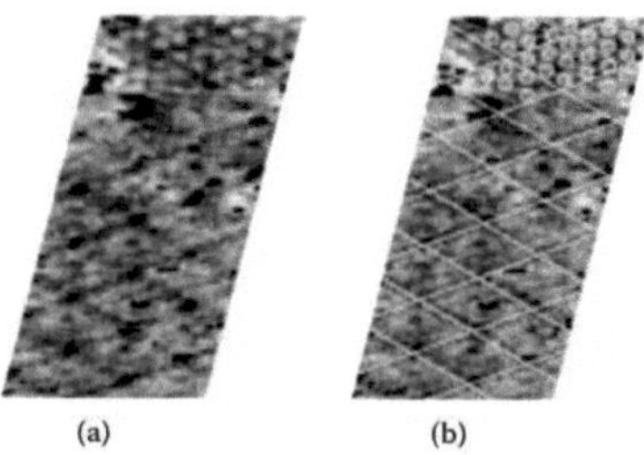

Figura. 4: (a) Imagem de microscopia de força lateral (LFM) da superfície do sítioSi (111)(7 × 7) . (b) A mesma imagem sobreposta com círculos brancos (átomos individuais) e diamantes brancos (células unitárias). (Reproduzido de Kawai, S. et al., Appl. Phys. Lett., 87, 173105, 2005. Com permissão. Copyright 2005, Instituto Americano de Física).

I. PRINCÍPIOS BÁSICOS

Os fotodíodos de avalanche e os detectores p-i-n são dispositivos que beneficiam diretamente da pureza do material (Stillman et al., 1982a).

Os fotodíodos de avalanche também requerem uma corrente escura baixa, o que se traduz num material de alta qualidade e baixa densidade de defeitos. Tem havido um interesse crescente nestes detectores e lasers relacionados realizados no sistema de materiaisInGaAsP/InP . Este sistema de material de rede tem um intervalo de banda que varia entre cerca de0.9 to 1.65 pm , o que o torna adequado para utilização na região de baixa perda1.3 and 1.55 pm .

O fosforeto de índio epitaxial de elevada pureza foi cultivado por epitaxia em fase líquida (LPE), epitaxia em fase de vapor de cloreto (C-VPE), epitaxia em fase de vapor de hidreto (H-VPE), deposição de vapor químico metalorgânico a pressão atmosférica (APMOCVD), deposição de vapor químico metalorgânico a baixa pressão (L PMOCVD) e epitaxia de feixe molecular de fonte de gás/epitaxia de feixe químico (GSMBE/CBE). A epitaxia por feixe molecular (MBE) não provou ser bem sucedida no crescimento de fosforeto de índio de elevada pureza devido à dificuldade de manipulação do fósforo elementar.

O H-VPE ficou significativamente atrás de outros métodos de crescimento na demonstração da sua capacidade de produzir e controlar fosforeto de índio de elevada pureza, mas foi agora demonstrado e controlado fosforeto de índio com pureza comparável à cultivada pela maioria dos outros métodos (McCollum et aE., 1988). O crescimento deInP de pureza mais elevada é descrito neste capítulo, que incluirá discussões sobre este fosforeto de índio de elevada pureza cultivado por epitaxia em fase de vapor [1]

-1 Diagrama de fase:[3][5]

Muitas vezes, os processos de crescimento de cristais estão relacionados com a evolução de fases, sendo as caraterísticas físicas e químicas de um sistema as principais entidades que determinam a fase. Uma fase pode ser definida como uma parte homogénea de um sistema que possui estas entidades uniformemente. Cada cristal puro descrito pelo seu estado sólido, pela sua fusão ou por um estado de solução deve ser visto como uma fase. As propriedades físicas ou as estruturas de defeitos estão frequentemente relacionadas com os chamados diagramas de fase dos sistemas cristalinos, pelo que a compreensão dos diagramas de fase é importante.

As propriedades físicas ou as estruturas de defeitos estão frequentemente relacionadas com as caraterísticas do seu diagrama de fases. A distribuição dos dopantes com determinados elementos e as impurezas residuais no cristal crescido são necessariamente identificadas, uma vez que definem as propriedades físicas e químicas, bem como a qualidade. Por conseguinte, o parâmetro-chave é o coeficiente de segregaçãok . A dependência do coeficiente de segregação de diferentes parâmetros de cristalização será analisada.

A regra das fases de Gibb, para um sistema multicomponente e multifásico, em que o número de possíveis fases coexistentes e o número de componentes estão relacionados entre si pela seguinte equação:

$$f = k_c - i + 2 \quad (1)$$

O estado do sistema é bem conhecido pelo número de variáveis livres selecionáveis e é expresso pelo número de graus de liberdade que éf na equação (1). Um sistema em equilíbrio é normalmente descrito por um conjunto de parâmetros intensivos ou livres selecionáveis, tais como a pressãoP , a temperatura$T$, e a composiçãox_k^i que é a fração molar de cada um dos componentes do sistema. Onde,i é o número de fases,k_c na equação (1) refere-se ao número de componentes. Assim, pode-se expressar quex_k^i denota a fração molar de cada componente$k$ em determinada fase i.

Para um sistema de um componente, o maior número de fases coexistentes é três, o diagrama de fases correspondente é o diagrama pressão/temperatura. A água como sistema unicomponente, o seu diagrama de fases é descrito pelas variáveis(P, T) , as curvas de cada uma das fases da água, líquido, sólido, vapor, intervêm no ponto habitualmente designado por ponto triplo (**Figura 5**) que é a temperatura mínima a que a forma líquida de uma substância pode existir. Assim, abaixo deste ponto a água está em fase sólida, acima deste ponto a água está em fase de vapor. O ponto de equilíbrio é chamado de ponto triplo da água (para gelo hexagonal), é o ponto no qual as fases líquida, vapor e sólida da água estão em equilíbrio (coexistem de forma estável), e é determinado por$P = 343.5\ Pa$ e $T = 273.16\ K$.

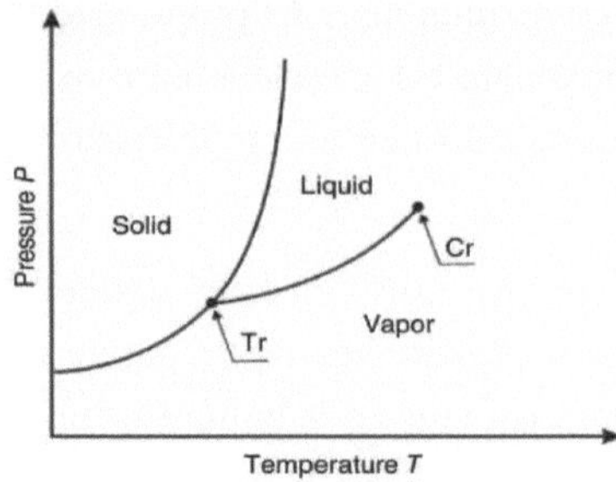

Figura 5: Diagrama esquemático de pressão/temperatura de um sistema de um componente. Tr - ponto triplo e Cr - ponto crítico.

Algumas caraterísticas importantes do diagrama de fases de um sistema de um componente podem ser derivadas da equação de Clausius-Clapeyron:

$$dP\ /\ dT = \Delta H\ /\ T\Delta V \qquad (2)$$

Note-se também que o ponto triplo corresponde à pressão mais baixa sob a qual a água líquida existe. Abaixo desta pressão, o gelo converte-se diretamente em vapor e o vapor sofre sublimação em gelo.

O ponto crítico é também uma combinação de temperatura e pressão, mas é o ponto final de uma curva de equilíbrio de fases onde um líquido e o seu vapor podem coexistir.

O ponto crítico indica a temperatura mais elevada em que a substância se torna um fluido supercrítico e não pode ser condensada num líquido utilizando apenas a pressão. No ponto crítico, as propriedades físicas das fases líquida e de vapor tornam-se semelhantes entre si e, por vezes, muito diferentes do comportamento normal do líquido.

Remarque: A maioria das substâncias *tem mais do que um ponto triplo* porque o seu sólido assume diferentes formas, por exemplo, o enxofre sólido tem duas fases sólidas (rômbica e monoclínica), a água tem 15 fases conhecidas de gelo. Se existem$p$ fases da matéria, o número de pontos triplos é$p!/(p-3)!\,3!$.

Considere a fase binária da faseα (líquido) e a faseβ (sólido). A uma temperatura constante, por exemplo, a temperatura de solidificação ou de crescimento, a razão da concentração no sólido dividida pela concentração no líquido é conhecida como o coeficiente de segregaçãok em geral. No caso de o sistema estar em equilíbrio termodinâmico, é designado por coeficiente de segregação de equilíbriok_{0i} do componente i

$$k_{0i} = c_i^{\beta} / c_i^{\alpha} \qquad (3)$$

- 2 **Modos de crescimento de camadas epitaxiais**

A heteroepitaxia pode ser considerada como uma nucleação de uma nova fase na superfície do substrato (solidificado), o que naturalmente faz com que as camadas heteroepitaxiais se conheçam alterando na morfologia como o chap e nas propriedades estruturais como o rearranjo dos átomos. **[3]**

A palavra epitaxia lê-se como epi-taxy é derivada da língua grega. "Epi-" significa "sobre" ou "em cima" de algo e "taxis" significa "dispor" ou "alinhar"[3].

A homoepitaxia representa a deposição de átomos num único substrato cristalino quando a camada tem os mesmos átomos que o substrato. Se a camada crescida for de outro tipo de material diferente do substrato, chamamos-lhe heteroepitaxia.

O processo epitaxial é mostrado esquematicamente nas **Figuras 6**,

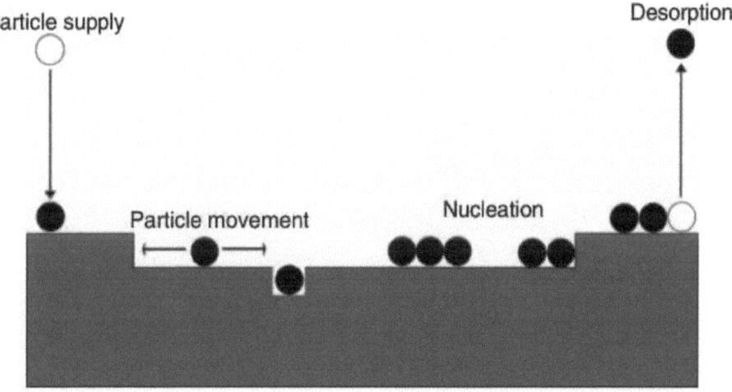

Figura 6a: Crescimento epitaxial na superfície de um substrato: processos possíveis à escala atómica[3].

Os átomos nucleiam para formar uma nova fase na superfície do substrato, ocorrendo a fixação de uma camada epitaxial[1]. A taxa de crescimento$R$ é proporcional ao fluxo líquido de átomos fixadosj_{amp+} , ej_{amp-} de constituintes desprendidos (respetivamente, fornecimento de partículas e dessorção, como aparece na **figura 6a)**. Assim,

$$R = a(a\delta_S)^2 \left(j_{amp+} - j_{amp-}\right) \quad (1)$$

Com

$$j_{amp+} = \nu\, exp(-\Delta S_m/k_B\,)exp(-\Delta F/k_BT) \quad (2)$$
$$j_{amp-} = \nu\, exp(-\Delta S_m/k_B\,)exp(-\Delta F/k_BT) \quad (3)$$

ΔF a diferença de energia livre, pode ser expressa como uma diferença de pressão de vapor no caso de um meio gasoso. Podem considerar-se as energias livres do vapor e do sólidoF_{vapor} ,F_{solid} respetivamente.P eP_0 , a pressão de vapor real e a pressão de vapor de equilíbrio do meio gasoso à temperatura ,$T k_B$ é a constante dos gases, en , o número de iões que formam uma partícula. Relativamente à variação da energia livre volúmica[3], obtém-se a diferença de energia livre como

$$\Delta F_V = F_{vapor} - F_{solid} = nk_BT \ln\left(\frac{p}{p_0}\right) \quad (4)$$

δ_S é a distância média entre as posições de dobragem,$(a\delta_S)$ a probabilidade (geometria) de uma unidade constituinte encontrar um local de dobragem, pode ser considerada como uma medida direta da rugosidade da superfície de crescimento.ν a frequência de vibração dos átomos da superfície, ej_{amp+}, j_{amp-} são os fluxos de átomos de e para a fronteira de fase sólido/líquido.(**Figura. 6b)**

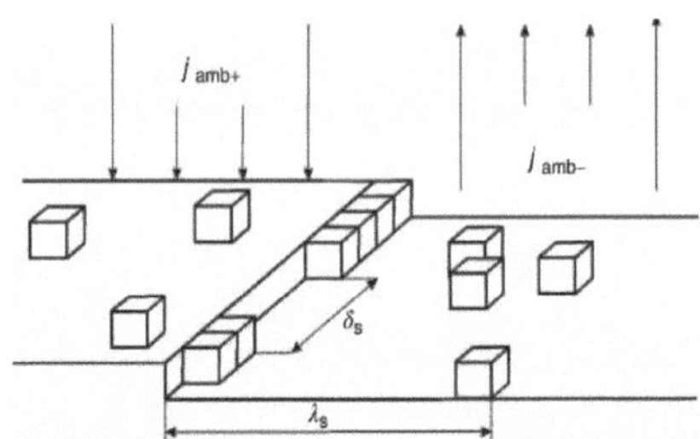

Figura 6b: Átomos que chegam de uma fase ambiente (fusão, solução ou vapor) à superfície de um cristal com um único passo[3]

depende de$(a\delta_S)$ e, por outro lado, depende da entropiaΔS_m da transição de fase e do intervalo de energia ΔF. Após um tratamento matemático simples, é possível determinar a medida da rugosidade da superfície em crescimento, que é dada por um coeficienteβ em termos de$(a\delta_S)$. Se a rugosidade da superfície diminuir, o espaçamento médio entre os locais de dobragem será infinito e, consequentemente, o coeficienteβ e a taxa de crescimento$R$ serão nulos. *Isto significa que as superfícies atomicamente planas e lisas não podem crescer através do mecanismo de crescimento normal.[3] Além disso, o melhoramento da superfície para obter uma superfície homogénea para semicondutores como os materiais III-V é realizado por várias técnicas, como o bombardeamento por iões Ar, e, portanto, os métodos de caraterização da superfície, como a espetroscopia de electrões Auger (AES) e a espetroscopia de perdas de energia dos electrões (EELS), têm uma utilização importante na qual se pode perceber que o melhoramento da superfície atinge o objetivo de obter superfícies homogéneas para os semicondutores em consideração[4].*

Existem diferentes possibilidades de fazer crescer uma camada epitaxial (**Figura. 6c**) que produzem estruturas diferentes na forma e morfologia da superfície, sendo estas possibilidades apresentadas de seguida:

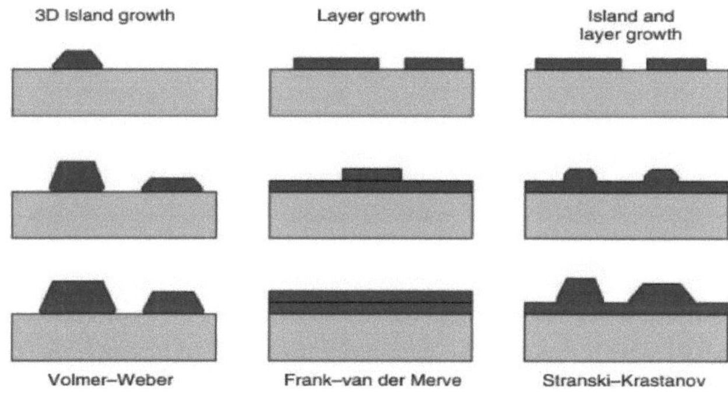

Figura 6c: Diferentes modos de crescimento de camadas epitaxiais[3]

- O crescimento Frank-van der Merwe (FM; crescimento bidimensional ou camada a camada), a energia de ligação entre os átomos da camada e os átomos do substrato é maior do que entre os átomos da camada entre si. Se uma camada estiver completa, seguir-se-á a seguinte (o crescimento de uma monocamada).
- Volmer Weber (VW, crescimento tridimensional ou em ilha): a energia de ligação entre os átomos móveis é mais elevada do que entre estes átomos e os átomos do substrato. Este modo mostra ilhas tridimensionais que se formam na superfície do substrato.

- Mecanismos Stranski-Krastanov (SK): uma forma mista de ambos os mecanismos de crescimento, o crescimento é iniciado camada a camada, mas a formação de ilhas começa a ocorrer após o crescimento de uma certa espessura.

As ilhas produzidas no modelo FM e no modelo VW podem ter uma distribuição aleatória na superfície de crescimento e representam os chamados Pontos Quânticos (QDs) **(Figura 7)**. Os pontos quânticos semicondutores (QDs) são de grande interesse para aplicações, incluindo transístores de um só eletrão, lasers e fotodetectores de infravermelhos[2].

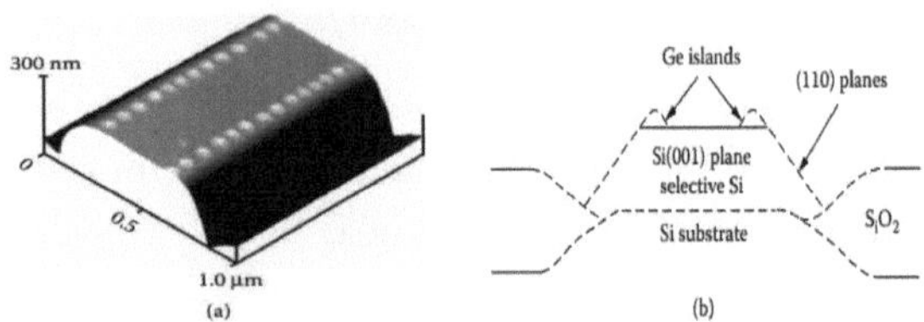

Figura 7: (a) Micrografia AFM tridimensional de ilhas de Ge ordenadas numa placa de Si com 450 nm de largura e com o seu eixo longo orientado ao longo de uma direção <100>. O Ge foi cultivado durante 120 s a uma pressão parcial de GeH4 de 2,5 × 10-4 torr. (b) Secção transversal esquemática da amostra. (Reproduzido de Kamins, T.I. e Williams, R.S., Appl. Phys. Lett., 71, 1201, 1997. Com permissão. Copyright 1997, Instituto Americano de Física).

Em geral, o comportamento dos QDs, no que respeita ao seu aparecimento na superfície de crescimento, é explicado por uma teoria conhecida como "teoria do agregado limitado pela difusão (DLA)". A maior mobilidade dos átomos em relação aos átomos da interface, como já foi referido, faz com que os átomos depositados à superfície "voem" para longe e mais livremente, configurando um crescimento não homogéneo no qual se formam ilhas (a maior energia de ligação é um fator que permite reunir os átomos móveis em forma de ilha, para que estes átomos colectivos se depositem na superfície formando ilhas).

Definição 1:

Por reconstrução da superfície entende-se o rearranjo dos átomos nas camadas atómicas exteriores de um cristal, formando uma estrutura de superfície com uma periodicidade diferente em relação à estrutura da massa. O movimento rígido das

camadas superficiais a partir das suas posições em massa, perpendiculares ou paralelas à superfície, sem alterar a simetria translacional da camada superficial, é designado por relaxação superficial.
Camadas tampão graduadas, tais como $GaAsP/GaAs$, que são os díodos emissores de luz (LED), e $InGaAs/GaAs$, que são os transístores de alta mobilidade eletrónica (HEMT). Se se considerar que a constante da rede relaxada varia linearmente com a distância da interface, as camadas heteroepitaxiais passam a ser designadas por camadas linearmente graduadas.

Se uma película cristalina fina for cultivada num cristal de substrato, chamamos a este processo de crescimento Epitaxia. Dados obtidos experimentalmente mostraram que um processo epitaxial pode ocorrer se o desajuste da rede entre a camada crescida e o substrato ς , definido como

$\varsigma = 100(a_l - a_s) / a_s$ (5)

não é superior a ;15% a_l e a_s são as constantes de rede da camada epitaxial e do substrato, respetivamente.

Definição 2:

As camadas epitaxiais ou "epilayer" são designadas por camadas homoepitaxiais, se o substrato e a camada tiverem a mesma composição química, por exemplo, uma camada $GaAs$ num substrato $GaAs$. As camadas ou estruturas de camadas homoepitaxiais podem ser cultivadas de modo a que a orientação cristalográfica da camada seja exatamente determinada pelo cristal do substrato. Se a composição química e/ou a estrutura da camada e do substrato forem diferentes, fala-se de crescimento heteroepitaxial de camadas. [3]

-3 A velocidade de reação:

Considere o crescimento de um composto binário (substrato de camada, superfície de reagente único), O fluxo de um reagente único que será transportado para compor a camada na superfície num determinado ponto é dado pela lei de Henry: [2]

$$j = h(N_g - N_0) \quad (6)$$

N_g é a concentração do reagente na fase gasosaN_0 é a concentração do reagente à superfície.

Podemos determinar a taxa de crescimento em condições de estado estacionário, e a consideração de que a taxa de reação é linear em termos deN_0 ,

$$g = \frac{j}{N} = \frac{N_g}{n} \frac{hk}{(h + k)} \quad (7)$$

Em que n é o número de átomos (ou moléculas) por unidade de volume no cristal em crescimento. k é a constante da taxa de reação de superfície, e é dada por:

$$k = k_0 exp\left(-\frac{E_a}{kT}\right) \quad (8)$$

Normalmente, esta taxa é activada termicamente, as energias de ativação típicas estão na gama de$25\ to\ 100\ kcal/mole\ (1.1\ to\ 4.3\ eV/molecule)$, assim, E_a representa a energia de ativação para o processo. Como consequência, distinguimos dois casos:

A baixas e altas temperaturas temos, respetivamente: $k \ll h$, $h \ll k$ para o primeiro caso obtemos ,$g \approx kNg/n$ é referido como crescimento limitado pela taxa de reação, e para o segundo caso obtemos$g \approx hNg/n$ que representa o crescimento limitado pela transferência de massa onde a taxa de crescimento é independente da orientação do cristal e quase independente da temperatura. Além disso, a condição de crescimento limitado pela taxa de reação é referida como a taxa de crescimento que depende da orientação do substrato cristalino porque a taxa de reação é sensível à condição da superfície.

A taxa mais elevada pode estar associada a uma maior concentração de impurezas na deslocação, bem como ao campo de tensão elástica em torno da deslocação, o que conduz a uma maior atividade.

II - EPITAXIAL EM FASE DE VAPOR:

Os dispositivos que funcionam na região de comprimento de onda de 1,1 a 1,6 pm estão bem adaptados para beneficiar destas melhorias. A Figura 2 mostra a variação do intervalo de energia em função do parâmetro de rede para diferentes compostos III-V. Através da liga de compostos binários, comoGaAs oulnAs , por exemplo, é possível obter uma gama contínua de intervalos de energia e de constantes de rede.

Aparentemente, os compostos ternáriosGalnAs ou os compostos quaternáriosGalnAsP são bem adequados para o crescimento epitaxial em latticematched em substratos de InP, na gama de comprimentos de onda de 0,9 a 1,6 pm.

A viabilidade de numerosos dispositivos já foi demonstrada com detectores: PIN, APD; e emissores: LEDS, lasers de heterojunção e lasers de poços quânticos.

Além disso, os compostosGalnAs ouGalnAsP são também adequados para o fabrico de transístores de alta frequência, por exemplo HEMT/TEGFET ou JFET, que permitem um dispositivo integrado monolítico que inclui o fotodetector e o FET no mesmo substrato (Miura et al., 1987).

Nos dispositivos baseados emGaAs subtratos, é evidente que as deslocações afectam o seu desempenho e, em particular, o tempo de vida do dispositivo. Foi demonstrado que as linhas ou manchas escuras observadas em dispositivos de dupla heteroestruturaGalnAsP/InP estão relacionadas com defeitos no substrato (Ueda et al., 1982).

O efeito da densidade de deslocação do substratoGaAs na tensão de limiar Vth dos transístores FET fabricados por implantação direta de iões foi examinado (Suchet et al., 1987); e embora ainda não tenha havido quaisquer estudos equivalentes sobre dispositivos baseados emInP , podemos razoavelmente pensar que tais efeitos são bastante possíveis.

Consequentemente, há uma procura crescente de substratos de baixa densidade de deslocaçãoInP , e o principal objetivo do cultivador de cristaisInP é ser capaz de fornecer esse material.[1]

1- Técnicas de crescimento epitaxial:

Os processos de crescimento epitaxial apresentados pela fase de vapor epitaxial como um dos métodos comuns de crescimento são realizados através da passagem de *produtos químicos gasosos* como ,PH_3PCl_3 sobre um substrato monocristalino aquecido, podendo ocorrer diferentes transformações de fase utilizando hidreto e cloreto. Jones (1982) apercebeu-se dos processos em que os metais puros de índio são transportados pelo cloro deHCI para o substrato deInP . Assim, o crescimento epitaxial em fase de vapor de um cristal envolve uma série de passos básicos:[2]

1. Os produtos químicos de origem são transportados na fase de vapor para o substrato aquecido.
2. As moléculas de origem difundem-se para a superfície de crescimento, onde são quimissorvidas ou fisissorvidas.
3. As espécies adsorvidas na superfície reagem para formar o cristal sólido.
4. Os produtos da reação difundem-se a partir da superfície.
5. *Os produtos da reação são transportados no fluxo de gás, geralmente H_2.*

Além disso, a epitaxia de fase de vapor de ultra-alto vácuo (UHV) traduz-se pelo crescimento das camadas epitaxiais num substrato monocristalino aquecido sob o efeito de feixes atómicos ou moleculares, sendo um método designado por Epitaxia de Feixe Molecular (MBE) em que é necessário um ultra-alto vácuo (UHV).

As camadas epitaxiais de materiais III-V e II-VI podem ser cultivadas utilizando a técnica MEB, incluindo semicondutores;Si, Ge e ligas$Si_{1-x}Ge_x$; eSiC e ligas$Si_{1-x-y}Ge_xC$.

Os átomos da fonte evaporada devem ter *trajectórias livres médias* superiores à distância fonte-substrato (que é normalmente de 5 a 30 cm) e este é o requisito básico para o crescimento MBE, expresso como *impacto da fonte na linha de visão*. Este requisito impõe um limite superior à pressão de funcionamento de um reator MBE.

O caminho livre médio [3][2] para uma partícula evaporada pode ser estimado considerando que cada partícula pode ser considerada como tendo uma secção transversal de colisão de ,$\sigma = 4\pi r^2 r$ é o raio da partícula. Por outro lado, cada partícula tem um percurso livre de colisão que é dado pela quantidadeudt . Define-se volume livre de colisão por

$$dV = \sigma u. dt = 4\pi r^2 u \cdot dt \qquad (10)$$

u é a velocidade da partícula,N é a concentração volumétrica das partículas,$n = \frac{N}{V}$. A uma dada pressão, temos

$$P \cdot V = NK_B T \qquad (11)$$

Onde,T é a temperatura,V é o volume do gás ek_B é a constante de Boltzmann. Além disso, obtemos,$n = p/Tk_B$. Note-se que o tempo médioτ entre *duas colisões* corresponde ao volume livre de colisões$dV = 1/n$ (a frequência das colisões é$f = N\sigma. dt,$, uma partícula em propagação encontra-se com outra, e temos uma colisão para$V = 1/n$), pelo que obtemos para $dt = \tau$

$$\frac{1}{n} = 4\pi r^2 u \cdot \tau \qquad (12)$$

e para o caminho livre médioλ , temos

$$\lambda = u. \tau = \left(\frac{1}{4\pi r^2 n}\right) = \frac{K_B T}{4\pi r^2 p} \qquad (13)$$

Neste caso, as impurezas seguem as camadas semicondutoras crescidas, pelo que a camada superficial pode apresentar certas impurezas, bem como as interfaces. Por conseguinte, temos um forte apelo às condições do vácuo real nas câmaras MBE de

$$p_{max} \leq 10^{-11}\, hPa$$

É necessário saber que "as bolhas do gás de transporte têm um tempo de residência suficiente no líquido para ficarem saturadas com o seu vapor", em que a pressão de vapor (em torr) da fonte líquida pode ser expressa pela lei,

$$\log_{10} p_s = A - \frac{B}{T} \quad (14)$$

Em que p_s é a pressão de vapor da fonte líquida,T é a temperatura absoluta, eA eB são constantes empíricas.

O caudal mássico do gás de transporteF_{H_2} que normalmenteH_2 e o caudal mássico da fonteF_s estão relacionados pela seguinte equação

$$F_s = F_{H_2}\left(\frac{p_s}{p_{TOT} - p_s}\right) \quad (15)$$

Método epitaxial que utiliza fontes de compostos químicos metalorgânicos com equipamento semelhante ao VPE para o crescimento de um semicondutor binário, em que a dopagem das camadas é possível através da introdução de pequenas concentrações das fontes adequadas. Este método é conhecido como Epitaxia Organometálica em Fase de Vapor (OMVPE). **Figura.8a**

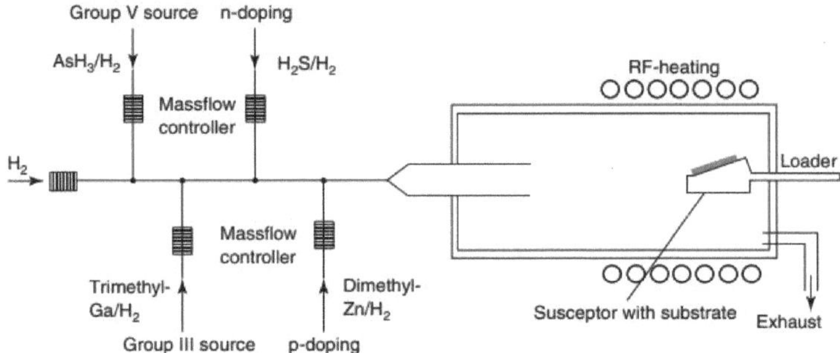

Figura 8a: Diagrama de linhas de um reator MOVPE com fornecimento de gás de alquilos do grupo III, hidretos do grupo V, dopantes p e n, e reator epitaxial.

As fontes são moléculas do tipoMRn , em que$M$ representa um átomo de metal eR representa um radical orgânico. É prática comum referir-se aos grupos orgânicos utilizandoM, E, NP, IP, NB, IB, TB, A , eCp para metil, etil, n-propil, i-propil, n-butil, i-butil, t-butil, alil e ciclopentadienal, respetivamente. MOs nomesD eT são utilizados para designar mono-, di- e tri-, respetivamente. Assim,TMGa representa trimetilgálio e DETe refere-se a dietiltelureto.**[2]**

Os pontos de fusão, os pontos de ebulição e os parâmetros de pressão de vapor*A* e*B* são apresentados no **quadro** 1 e no **quadro 2** para as fontes de elementos das colunas II e III, respetivamente

QUADRO 1: ELEMENTOS DAS COLUNAS II

Precursor	Melting Point (°C)	Boiling Point (°C)	Vapor Pressure A	Vapor Pressure B (K)	P (torr) @ T (°C)
DMZn	-42	46	7.802	1560	124 @ 0°C
DEZn	-28	118	8.280	2109	3.6 @ 0°C
DMCd	-2	106	7.764	1850	9.7 @ 0°C

QUADRO 2: ELEMENTOS DAS COLUNAS III

Precursor	Melting Point (°C)	Boiling Point (°C)	Vapor Pressure A	Vapor Pressure B (K)	P (torr) @ T (°C)
TMAl	15	126	8.224	2134.83	2.2 @ 0°C
TEAl	-52.5	186	10.784	3625	0.5 @ 55°C
TMGa	-15.8	55.8	8.501	1824	66 @ 0°C
TEGa	-82.5	143	9.172	2532	3.4 @ 20°C
DEGaCl	-7	—	8.78	2815	0.5 @ 60°C
TMIn	88	135.8	10.520	3014	0.3 @ 0°C
TEIn	-32	184			1.2 @ 40°C

GaAs pertence aos semicondutores III-V, o crescimento deGaAs camadas epitaxiais pelo método MOVPE ocorre sem fonte, as reacções químicas dos componentes são diretamente sobre o substrato. Há dois componentes transportados para a zona do substrato, os alquilos metálicos, representados pelos elementos do grupo III, e os hidretos do grupo V, que reagem em conjunto para formar as camadas epitaxiais. Em casos como o crescimento deGaAs , o trimetilgálio$Ga(CH_3)_3$ e a arsina são os reagentes que seguem a equação,[3]

$$Ga(CH_3)_3 + AsH_3 = GaAs + 3CH_3 \quad (16)$$

Para uma taxa de crescimento típica de$10\ nm\ min^{-1}$, uma monocamada epitaxial (d = 0.15 nm) necessita de cerca de 0,9 s. Durante este tempo, as partes reagentes gasosas com uma taxa de fluxo de$v > 10\ cm\, s^{-1}$ são completamente trocadas por um comprimento de susceptor de 5 cm. O processo de crescimento do MOVPE depende da temperatura. O metal alquilo transportado em hidrogénio purificado foi decomposto no intervalo de temperatura de 600 - 800 °C na presença de arsina. A taxa de crescimento é determinada pelo transporte de material do fluxo de gás para a superfície do substrato. *No caso dos semicondutores III-V, a taxa de crescimento é limitada pelo transporte dos elementos do grupo III.*

O MOVPE tem várias designações, incluindo epitaxia organometálica em fase vapor (OMVPE), deposição de vapor químico metalorgânico (MOCVD), deposição de vapor químico organometálico (OMCVD) e, ocasionalmente, epitaxia organometálica (OME). CVD é um termo mais geral que se aplica a películas não cristalinas; (MOVPE) é o nome escolhido pela conferência internacional[2].

2- Processo C-VPE

As reacções ocorridas para produzir o fosforeto, bem como a produção deHCl , são uma das etapas do método de epitaxia em fase de vapor de cloreto ($C-VPE$) para o crescimento de alta purezaInP , pelo quePCl_3 reage com o hidrogénio para ácido clorídrico e fósforo (completamente acima de 500° C) como

$$PCl_3 + \frac{3}{2}H_2 \rightarrow 3HCl + \frac{1}{4}P_4 \qquad (17)$$

Durante o processo de dissolução do P, formam-se também in-cloretos:

$$HCl + In \rightarrow \frac{1}{2}H_2 \; + \; InCl \qquad (18)$$

A técnica de hidreto é única entre todos os métodos de crescimento epitaxial, na medida em queHCI é utilizado para o transporte da coluna$III -$ metal e é controlado separadamente da fonte de V da coluna[1].

Neste caso, forma-se uma camada exterior homogénea emInP ouGaP , se utilizarmosGa em vez de em reação da **FIGURA. 8b**, forma-se uma camada exterior homogénea sobre toda a fonte, pelo que discutimos esta formação mais detalhadamente a seguir,

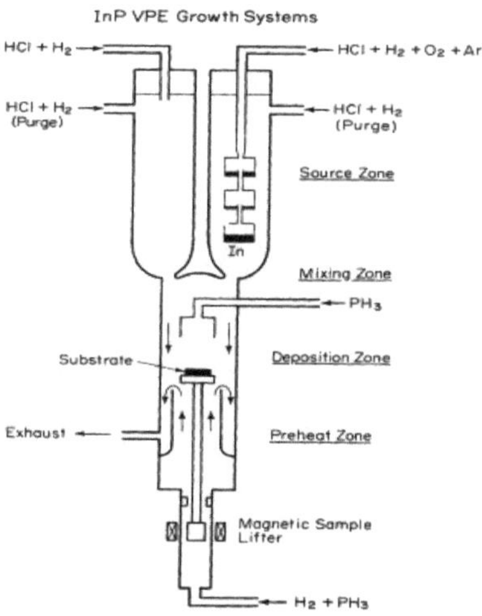

FIGURA 8b: Sistema de crescimento H-VPE de elevada pureza após modificações.

No C-VPE, a fonte*P* éPCl_3 através **da Eq. (2).** Na H-VPE, a fonteP é o craqueamentoPH_3 . É evidente que, embora a C-VPE e a H-VPE utilizem materiais de origem diferentes, a química é muito semelhante[1].

O reator da **Figura 8b** pode ser aberto perto da extremidade inferior enquanto estiver a temperaturas de crescimento. Soltam-se três parafusos grandes, que seguram um anel de vedação em O, e todo o conjunto do elevador magnético de amostras pode ser removido e baixado cerca de cinco centímetros. Os substratos são facilmente posicionados no pedestal rebaixado. É iniciado um fluxo de azoto à volta do exterior do tubo do reator, de modo a que o azoto rodeie a área de carga aberta para evitar que o ar ambiente entre no reator. É utilizada uma bomba peristáltica no sistema de exaustão, para manter o fluxo através do reator. O reator só deve ser arrefecido para reabastecimento da fonte de índio e para manutenção ou reparação.

Depois de um substrato ser carregado, este reside numa atmosfera de hidrogénio onde é introduzida umaPH_3 , sobrepressão antes de o substrato ser aquecido até às temperaturas de crescimento.

O fluxoPH_3 , na zona de pré-aquecimento, é então substituído porH_2 , e as válvulas dos depósitosPH_3 eO_2/Ar são fechadas. Após a remoção da amostra, as temperaturas no reator são aumentadas para$800^{\circ}C$ nas quatro zonas, eHCl é utilizado para gravar o tubo do reator.

Para gravar depósitos de tubos, oHCl é introduzido através das entradas de purga e não sobre a fonte de índio. Este procedimento demora 30 minutos. O sistema regressa então a um modo inativo de 600° C comH_2 a fluir através de todas as portas até ao próximo crescimento.

Também foi possível demonstrar que, durante o processo de dissolução de P,Ga também é formado (quando utilizámos a fonteGa na zona de origem em vez deIn):[3]

$$HCl + Ga \rightarrow \frac{1}{2}H_2 + GaCl \qquad (20)$$

Os vapores reagentes utilizados e os gases de transporte devem ser sistemas simples e pouco dispendiosos, pelo que a ETV com cloreto apresenta algumas vantagens em relação à ETV com HVPE, evitando a utilização de gases tóxicos comoAsH_3 e .PH_3

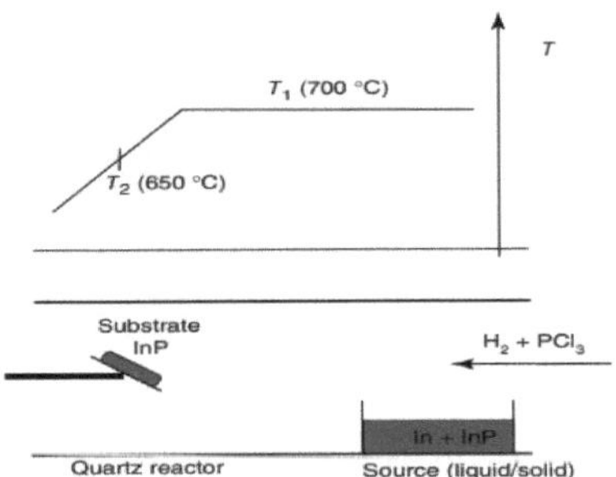

FIGURA 9: Epitaxia em fase de vapor de cloreto deInP (esquematicamente)

Para a deposição deInP pelo reator (processo C-VPE) mostrado na ***Figura 9***, temos uma fonte policristalina$InP + In$ (líquido/sólido) à temperaturaT_1 , e um substratoInP aT_1 . O hidrogénio e PCl_3 chegam à zona da fonte como gases reagentes.PCl_3 decompõe-se em ,$HClP_4$, à temperatura da fonteT_1 . Temos agora as equações de reação (17) e (18). Na zona do substrato emT_2 , a reação (18) é deslocada mais para o lado esquerdo, e temos a deposição deInP . Do mesmo modo, a realização da deposição de$GaSb$, como mostra **a Figura.10,**

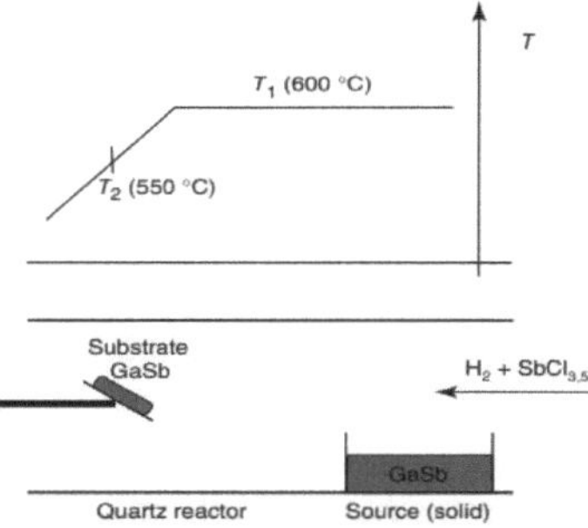

FIGURA. 10: Epitaxia em fase de vapor de cloreto deGaSb (esquematicamente)

Sendo o Hidrogénio e$SbCl_3$ ou$SbCl_5$ os gases reagentes, e a decomposição de$SbCl_{3,5}$ emHCl, Sb_4, and Sb_2 é ilustrada pelas seguintes equações

$$(3/2)H_2 + SbCl_3 \leftrightarrow (1/4)\, Sb_4 + 3HCl \qquad (21)$$

$$(5/2)H_2 + SbCl_5 \leftrightarrow (1/4)\, Sb_4 + 5HCl \qquad (22)$$

Mais uma vez,HCl reage com o sólidoGaSb da fonte:

$$HCl + GaSb \leftrightarrow GaCl + (1/4)\, Sb_4 + (1/2)H_2 \qquad (23)$$

$$2HCl + GaCl \leftrightarrow GaCl_3 + H_2 \qquad (24)$$

E a consequência é a deposição de .GaSb

O processo de saturação é um fator importante para que *o equilíbrio entre a fonte saturada e a fase gasosa* (como mostra o gráfico da Figura 9) ocorra antes do crescimento, o que leva à formação de camadasInP ouGaP homogéneas. *Uma situação de não equilíbrio* sobre a fonte resulta num desvio da concentração deHCl eP e conduzirá a um crescimento não uniforme da camada e a uma dispersão na composição das ligas[3].

Para ficarmos mais por dentro das propriedades de transporte dos reagentes, vamos apresentar algumas considerações termodinâmicas básicas do sistema VPEGaSb -cloro **(Figura 10).**

Devem ser assumidos os seguintes pressupostos:

- Todas as reacções no aparelho de crescimento epitaxial estão em equilíbrio termodinâmico.

- Todos os gases no sistema são gases ideais.

- São conhecidas as possíveis reacções químicas no sistema.

- No nosso caso, o crescimento dos cristais é controlado pela "termodinâmica" e não por "processos cinéticos".

TABELA. 3: DEPENDÊNCIA DA TEMPERATURA DA EXPANSÃO TÉRMICA PARA CRISTAIS CÚBICOS

	A	B (10^{-4} K^{-1})	C (10^{-7} K^{-2})	D (10^{-10} K^{-3})	
C	−0.010	−0.591	3.32	−0.5544	(25–1650K)
Si	−0.071	1.887	1.934	−0.4544	(293–1600K)
Ge	−0.1533	4.636	2.169	−0.4562	(293–1200K)
α-Sn	−0.525	13.54	15.87	−2.896	(100–500K)
BN	−0.0013	−1.278	4.911	−0.8635	(293–1300K)
AlSb	−0.049	−2.997	22.43	−22.34	(40–350K)
GaP	−0.110	2.611	4.445	−2.023	(293–850K)
GaAs	−0.147	4.239	2.916	−0.936	(200–1000K)
GaSb	−0.138	3.051	66.02	−3.380	(100–800K)
InSb	−0.099	1.249	8.773	−5.260	(50–750K)

Por outro lado, com base na definição de Heteroepitaxia, diz-se que a energia de gap do material disposto (camada) deve ser diferente da energia de gap do substrato, pelo que é necessário determinar a constante de rede, uma vez que está relacionada com a energia de gap. Em seguida, a heteroepitaxia pode ser expandida para envolver os requisitos de que a camada/substrato deve ter caraterísticas de expansão térmica diferentes, expressas pela dependência das constantes de rede em relação à temperatura e, portanto, definimos o coeficiente de expansão térmica[3]

$$\alpha = \frac{1}{a}\frac{\partial a}{\partial T} \quad (25)$$

que, como tem unidades deK^{-1} . A tabela mostra valores típicos de para cristais semicondutores cúbicos que estão limitados na gama de$10^{-6}\,K^{-1}$ a $10^{-5}\,K^{-1}$

Pode ser introduzido o seguinte polinómio (em relação a$300K$), em que o coeficiente de dilatação térmica representa uma função da temperatura, portanto,

$$\frac{\Delta a}{a} = A + BT + CT^2 + DT^3 \qquad (26)$$

$\frac{\Delta a}{a}$ está em percentagem, onde$T$ é a temperatura absoluta.$A, B, C,$ eD são constantes mostradas na **Tabela.3** para cristais cúbicos[3].

TABELA. 4: CONSTANTES DE REDE E COEFICIENTES DE EXPANSÃO TÉRMICA PARA O CRISTAL SEMICONDUTOR CÚBICO

	$a(300K)$ (Å)	$\alpha(300K)$ ($10^{-6}\ K^{-1}$)	$\alpha(600K)$ ($10^{-6}\ K^{-1}$)	$\alpha(1000K)$ ($10^{-6}\ K^{-1}$)
AlAs	5.660	—	—	—
AlSb	6.1357	4.4	—	—
GaP	5.4512	4.7	5.8	—
GaAs	5.6534	5.7	6.7	—
GaSb	6.0960	6.1	7.3	—
InP	5.8690	4.75	—	—
InAs	6.0584	5.19	—	—
InSb	6.4794	5.0	6.1	—
C	3.56684[15]	1.0[16]	2.8	4.4
Si	5.43108[17]	2.6[16]	3.7	4.4
Ge	5.6576[18]	5.7	6.7	7.6

Onde *a constante de treliça relaxada* para o cristal é escrita como

$$a(T) = a(300K)\left[1 + \frac{A + BT + CT^2 + DT^3}{100}\right] \qquad (27)$$

A Tabela. 4 mostra as constantes de rede e os coeficientes de expansão térmica para o cristal semicondutor cúbico.

Utilizando a interpolação linear, é possível obter constantes de rede de semicondutores ligados, tais como as ligas$\mathrm{In_xGa_{1-x}As}$, como,

$$a(In_xGa_{1-x}As) = xa_{InAs} + (1 - x)a_{GaAs} \qquad (28)$$

Onde a_{InAs} ,a_{GaAs} são as constantes de rede relaxadas deInAs eGaAs , respetivamente[3].

3- $III - V - semiconductors$ crescimento:

O crescimento de semicondutores III-V através do reator HVPE é utilizado para produzir, por exemplo: LEDs e fotodetectores, tais como ,(Ga, As)PGaP , e(Ga, In)P , camadas finas e espessas, tais comoInN , e . AlN

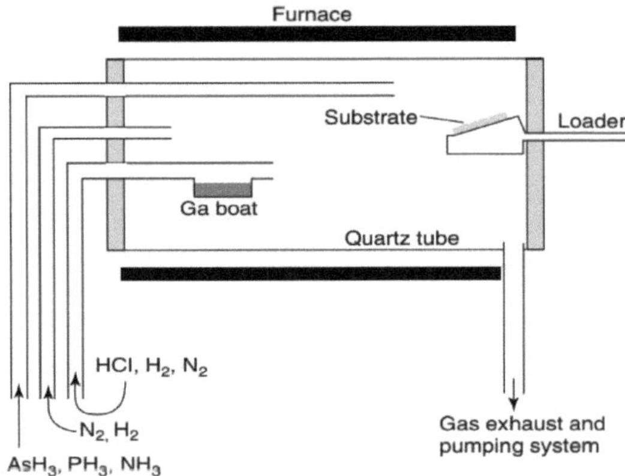

Figura. 11: Sistema HVPE para o crescimento de semicondutores III-V binários e ternários (esquematicamente).

Consiste em duas zonas principais (**Figura. 11**): [3]

a) A zona fonte: para a produção de gás cloreto de um metal do grupo III. As reacções seguintes ilustram as produções em causa:

$$Ga + HCl \longrightarrow GaCl \quad at\,900^{\circ} \qquad (29)$$

$$AsH_3 \rightarrow (1/4)As_4 + (3/2)H_2 \qquad (30)$$

$$PH_3 \longrightarrow (1/4)P_4 + (3/2)H_2 \qquad (31)$$

b) A zona de deposição: onde se pode efetuar o crescimento da camada de$III - V - semiconductors$ (película epitaxial) em que os cloretos de metais do grupo III (GaCl nesta configuração) se misturam com os hidretos do grupo V (NH_3, PH_3, AsH_3)

$GaCl + (1 - x)(1/4)As_4 + x(1/4)P_4 + (1/2)H_2 \rightarrow GaAs_{1-x}P_x +$
HCl at $800°$ C (32)

Ga é líquido, $GaAs_{1-x}P_x$ é sólido e todas as outras espécies são gasosas.

Pode-se definir o nível de saturação da fonte como

$$S_{source} = \frac{\text{the sum of the chloride partial pressures}}{\text{the sum of the P} - \text{partial pressures}} = \frac{\sum Cl}{p_p^0}$$

$\sum Cl = p_{GaCl} + p_{GaCl_3}$,p^0 e é a pressão no equilíbrio.

A cristalização do antimónio sólido no sistema pode ser determinada em função da temperatura. Dizemos que o sistema está supersaturado comSb vapor da fase gasosa, quando a pressão parcialp_{Sb_4} excede a pressão de vapor$p_{Sb_4}(Sb)$ para o sistemaGaSb- $SbCl_5$ - H_2 a uma temperatura específica, neste exemplo [3] a temperatura excede 905 K **(Figura 12)**

Para o intervalo de temperatura$800 - 900\,K$ **(Figura.13)** onde não há supersaturação de vapor de antimónio na fase gasosa, o transporte de antimónio *não* interfere com o transporte deGa . A pressão parcial de$GaCl_3$ assume um valor elevado neste sistema, não podendo ser negligenciada para evitar a cristalização do antimónio sólido na região do substrato.

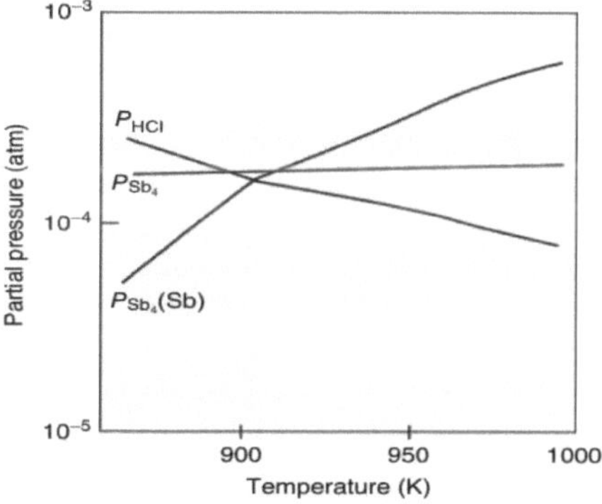

Figura 12: Sistema GaSb- $SbCl_5$ - H_2 . Dependência da temperatura da pressão parcial de vários componentes da fase gasosa (,$A = 8{,}33.10^{-4} B = 1{,}67.10^{-4}$).

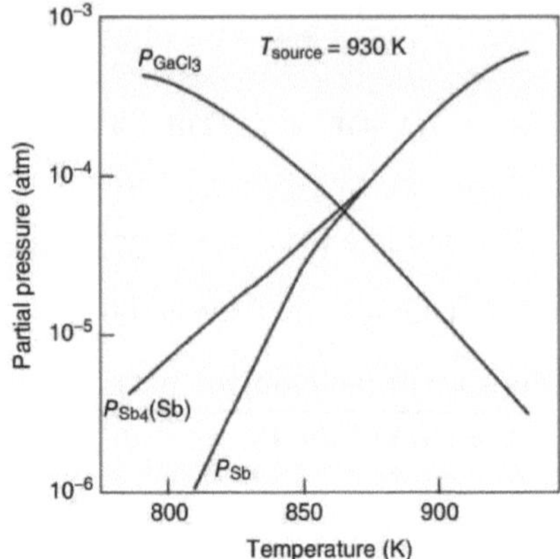

Figura 13 (GaSb/Ga- Sb – $SbCl_5$ - H_2) sistema, sistema VPE de cloreto modificado: pressões parciais de várias espécies em função da temperatura para$A = 1 \cdot 10^{-2}$ e temperatura da fonte: .930 K

A constante de equilíbrio da reação (19) corresponde a $x = 0$,

$$k_{HVPE} = \frac{p_{HCl}}{p_{GaCl}} p_{As_4}^{\frac{1}{4}} p_{H_2}^{\frac{1}{2}}$$

(É possível calcular as pressões parciais de equilíbrio em função da temperatura).

4- Método do aquecedor de viagem THM):

O princípio do método do aquecedor itinerante (THM) é que o movimento da ampola de curso com aquecedor fixo permite a interação do metal (fundido) com a semente para formar um cristal de crescimento, como os **compostos III-V** e **II-**

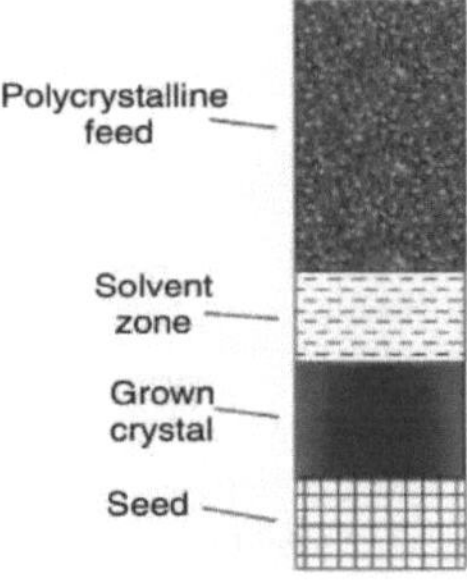

VI binários e ternários[3] **(Figura 14**

Figura 14: Princípio experimental do método do aquecedor itinerante (THM)

O comprimento da zona de solução é um parâmetro importante em que é necessária a determinação de um comprimento efetivo do aquecedor (a taxa de deslocação da zona de solução é proporcional ao gradiente de temperatura e depende da condutividade térmica do material sólido e do líquido, ver **Tabela 5**) para evitar as estruturas defeituosas que podem crescer a partir da parede da ampola no interior do material.

TABELA. 5: CRESCIMENTO THM DE VÁRIOS SEMICONDUTORES III-V

	Melting temperature (°C)	Solution zone (°C)	Traveling rate (mm d^{-1})
GaSb	712	400–600	2–3
GaAs	1238	850–950	1.5 (900 °C)
InSb	500	400	2.0
InP	1070	750–850	≤2.0

Uma interface côncava sólido/líquido será configurada se o comprimento da zona de solução for superior ao comprimento efetivo do aquecedor. Com um comprimento de zona mais pequeno do que o comprimento efetivo do aquecedor, pode formar-se uma interface convexa. A equação de difusão em estado estacionário pode descrever o método THM através da adição da equação de conservação da massa, na qual a equação em estado estacionário é escrita em termos do coeficiente de difusãoD (antimónio em

gálio líquido) do elemento$V$ no elementoIII -melt, a concentração do elemento VC , e a taxa máxima de crescimentov_{max} ,

$$D\frac{dC^2}{dz^2} + v_{max}\frac{dC}{dz} = 0 \qquad (33)$$

A equação da conservação da massa é:

$$D\frac{dC}{dz} + [C_g - C_0]v_{max} = 0 \qquad (34)$$

h é o comprimento efetivo da zona líquida, nesta configuração,C_0 é a concentração deSb no *sólido*, eC_g é a concentração deSb na *interface de crescimento*. Além disso, o coeficiente de difusãoD do solutoSb na zona líquida é então escrito por,

$$D = v_{max} \cdot h \cdot \ln \frac{C_g - C_0}{C_s - C_0} \quad (35)$$

C_s é a concentração deSb na interface *semente/solução*. Pode estimar, por exemplo, um valor de D =3· 10^{-4} cm^2 s^{-1} à temperatura da solução de cerca de 500° C.

C_g eC_s podem ser retirados do diagrama de fasesGa– Sb .[3]

(*Pode-se dizer que a equação de difusão em estado estacionário expressa o movimento por movimentos aleatórios no fluido*) assumir que o fluxo de substância é puramente difusivo, ou seja, não há velocidade média do fluido, um fluxo difusivo (na ausência de um fluxo de transporte ($u = 0$)), concentrando-se em casos em que não há fluxo médio no sistema e, assim, investigando os efeitos causados por variações de concentração em todo o sistema. O balanço de massa num troço infinitesimal de um sistema unidimensional (**Figura 15** - um rio, por exemplo) produz:[6]

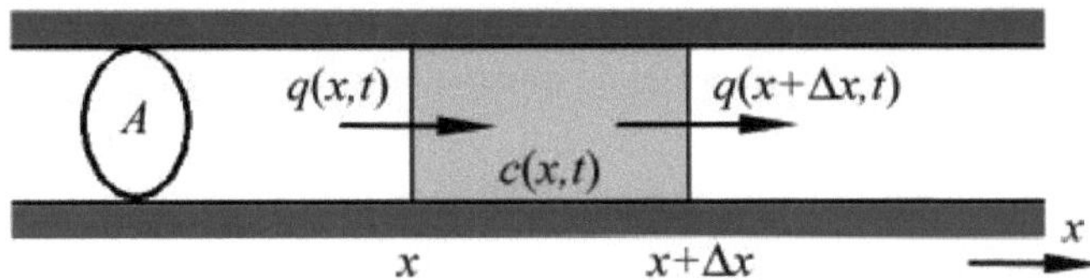

Figura.15: Volume de controlo infinitesimal a uma dimensão

$$V \frac{dc}{dt} = Import - Export = q(x,t)A - q(x + \Delta x, t)A$$

onde o volume do elemento é$V = A\Delta x$, e a Importação e Exportação são simplesmente o fluxo vezes a área da secção transversal.

Por substituição, encontramos,

$$\frac{dc}{dt} = -\frac{dq}{dx} \quad (36)$$

Onde $q = -D \frac{\partial c}{\partial x}$

A consideração do vetor$\vec{u}$ introduz uma direção preferencial, a do fluxo transportador, que podemos generalizar imediatamente a três dimensões:

$$\vec{q} = c\vec{u} - D\vec{\nabla}c \qquad (37)$$

(valor constante do coeficiente de difusão D)

$$\frac{dc}{dt} = -\vec{\nabla}\cdot\vec{q} \qquad (38)$$

Substituindo$q$ por (37) na última equação (38), obtém-se a seguinte equação para a distribuição da concentração:

$$\frac{dc}{dt} = \vec{\nabla}\cdot(c\vec{u}) - \vec{\nabla}\cdot D\vec{\nabla}c \qquad (39)$$

Numa dimensão, a equação de advecção-difusão simplifica-se para:

$$\frac{\partial c}{\partial t} + u\frac{\partial c}{\partial x} = D\,\frac{\partial^2 c}{\partial x^2} \qquad (40)$$

É de interesse suficiente restringir a nossa atenção ao estado estacionário (que existe de facto), definindo$\partial c/\partial t = 0$. A equação reduz-se a:

$$u\frac{\partial c}{\partial x} = D\,\frac{\partial^2 c}{\partial x^2} \qquad (41)$$

Num regime de estado estacionário, não há acumulação/depleção local de poluente em qualquer lugar e, portanto, o que chega a um local também deve partir dele, e o fluxo é uniforme ao longo de todo o fluxo, exceto, é claro, por uma descontinuidade no local da fonte, o que resultou da demonstração estipulada de que, uma vez que os coeficientes$u$ eD são constantes, podemos reescrever a equação (41) como

$$\frac{d}{dx}\left(uc - D\frac{dc}{dx}\right) = 0 \qquad (42)$$

$$q = uc - D\frac{dc}{dx} = constant \qquad (43)$$

Longe, a montante, a concentração deve desaparecer e, portanto, tanto$c$ comodc/dx devem tender para zero como$x \rightarrow -\infty$. Isto implica que$q = 0$

está muito longe a montante (sem poluição, sem transporte da mesma), e como$q$ é constante para todos os valores de$x$ a montante ($x < 0$) temos,

$$uc - D\frac{dc}{dx} = 0 \quad for \;\; x < 0 \qquad (44)$$

E, portanto, a solução é dada por

$$c = c_0 \exp\left(\frac{ux}{D}\right) \qquad (45)$$

em quec_0 é uma constante de integração a determinar.

Ou, $$D = u \cdot x \ln\frac{c_0}{c} \qquad (46)$$

(Para mais pormenores, ver [6])

III- PROCESSO DE CRESCIMENTO E CARATERIZAÇÃO

As mobilidades electrónicas mais elevadas a 77 K obtidas em amostras cultivadas por cada uma das técnicas mencionadas:

- A amostra de C-VPE com mobilidade de 140.000 cm2/V-s a 77 K relatada por Fairman et al. (1977).
- A amostra LPE com mobilidade de 94.000 cmZ/V-s a 77 K relatada por Eastman (1980) não foi excedida em mobilidade por esses métodos de crescimento.
- InP de pureza muito elevada cultivado tanto por APMOCVD como por LPMOCVD. Thrush et al. (1987) registaram uma amostra com mobilidade a 77 K de 264 000 cm2/V-s.
- A amostra cultivada por Thrush foi relatada por Bose et al. (1990) como tendo uma mobilidade a 77 K de 305.000 cm2/v-s e uma mobilidade máxima de 420.000 cm2/v-s a 54 K. As concentrações de dador e aceitador foram de 8,8 x lOI3 cmP3 e 3,7 x 1013 cmL3, respetivamente. Trata-se do InP de maior pureza, registado até à data, cultivado por qualquer método.
- Este valor é também superior ao valor mais elevado de mobilidade a 77 K para o GaAs, de 210 000 cmZ/v-s, registado por Shastry et al. (1988).
- Skromme et al. (1984) observaram que o C não é incorporado como um aceitador residual no InP cultivado por H VPE ou LPE. Este InP MOCVD de pureza muito elevada pode indicar que o C não é incorporado no InP cultivado por esse método.

1- MOCVD a baixa pressão

O MOCVD a baixa pressão, tal como Fraas (1981), relatou filmes epitaxiais deGaAs ,GaAsP eGalnAs com boas morfologias de superfície e propriedades eléctricas. Duchemin (1978) demonstrou que, para o crescimento de silício, é possível reduzir a absorção de hidrogénio na superfície de crescimento utilizando baixa pressão, o interessante é que este processo permite o crescimento de silício de boa qualidade a uma temperatura mais baixa do que é possível à pressão atmosférica.[1] Os compostos utilizados como fontes dos elementos do grupo III e do grupo V para este estudo estão listados na **Tabela 6**. As suas pressões de vapor em função da temperatura são apresentadas na **Figura. 16**.

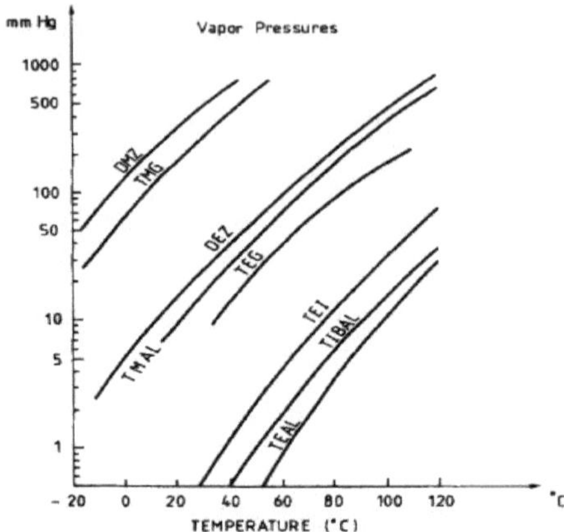

Figura. 16. Pressão de vapor das fontes alquílicas do grupo III em função da temperatura

TABELA 6: OS PARÂMETROS DE PRESSÃO DE VAPOR DAS FONTES PARA LP-MOCVD, A SUA FÓRMULA E ACRÓNIMO [1]

Acrónimo	**Fórmula**	**Pressão de vapor**
TMI : TRIMETIL ÍNDIO	$(CH_3)_3In$	$15\ mm\ Hg/41.7\ °C$
TMG : TRIMETIL GÁLIO.	$(CH_3)_3Ga$	$64.5\ mm\ Hg/\ 0.0\ °C$ $226.5\ mm\ Hg/\ 25.0\ °C$ $760\ mm\ Hg/\ 55.8\ °C$
TEI: TRIETIL ÍNDIO	$(C_2H_5)_3In$	$1.18\ mm\ Hg/\ 40\ °C$ $4.05\ mm\ Hg/\ 60\ °C$ $12.00\ mm\ Hg/\ 80\ °C$
TEG: TRIETIL GALIU	$(C_2H_5)_3Ga$	$16\ mm\ Hg/\ 43\ °C$ $62\ mm\ Hg/\ 72\ °C$ $760\ mm\ Hg/\ 143\ °C$
DEZ : DIETIL ZINCO.	$(C_2H_5)_3Zn$	$3.6\ mm\ Hg/\ 0.0\ °C$ $16\ mm\ Hg/\ 25.0\ °C$ $760\ mm\ Hg/\ 117.6\ °C$

As vantagens de um processo MOCVD a baixa pressão[1] são

(1) A eliminação de nucleações parasitas na fase gasosa,

(2) A redução da difusão externa (ou seja, a difusão em estado sólido de impurezas do substrato através das camadas activas ou de uma camada ativa para outra),

(3) a redução da dopagem automática (ou seja, a dopagem de uma camada epitaxial por impurezas voláteis provenientes do substrato),

(4) A melhoria da nitidez da interface e dos perfis de impurezas,

(5) A temperatura de crescimento mais baixa,

(6) A uniformidade da espessura e a homogeneidade da composição e

(7) A eliminação do efeito de memória.

Verificou-se que as camadas tampão ***espessas*** (ou classificação especial) podem eliminar parcialmente a tendência das camadas para a deslocação acentuada, e outras propriedades, como o comprimento de difusão e o tempo de vida, relevantes para o sistema típico de correspondência de treliça, onde são inferiores ao necessário. Foram obtidas películas monocristalinas com superfícies espelhadas na presença de um grande desfasamento entre os parâmetros de rede da camada e do substrato.

- Nas heteroestruturas, é necessário combinar os materiais que devem estar estreitamente ligados em termos de rede, a fim de minimizar a formação de defeitos ou tensões.

- Sem o requisito de *correspondência de treliça*, o número de pares disponíveis para aplicações de dispositivos e circuitos integrados pode ser grandemente aumentado, onde os defeitos podem ser evitados se as camadas forem suficientemente ***finas***.

$\mathrm{In_xGa_{1-x}As}$ crescido heteroepitaxialmente emInP pode ser ligado em rede aInP com$\mathrm{x} = 0.53$, mas para$\mathrm{GaAs/In_xGa_{1-x}As}$ só é ligado em rede com$\mathrm{x} = 0$.[2]

InP eGaInAs de rede correspondente aInP foram preparados por MBE e as suas propriedades estudadas por (McFee et al., 1977; Miller e McFee, 1978; Kawamura et al., 1981, Chang et al., 1981; Davies et al., 1983; Olego et al., 1982; Lambert et al., 1983, e Tsang et al., 1982).

O crescimento de$\mathrm{InP - GaInAsP}$ foi iniciado principalmente por LIQUID PHASE EPITAX (LPE), sendo o reator LPE constituído por um sistema de forno horizontal e um barco de grafite deslizante. A rede InGaAsP combinada emInP foi cultivada pela primeira vez por Antypas et ul., (1973). Desde então, foi relatado que as heteroestruturasInGaAsP – InP eram de uso potencial para aplicações de laser (Bogatov et al., 1975; Hirch, 1976), diodo emissor de luz (Pearsall et al., 1976), fotocátodo (James et al., 1973) Escher e Sankaran, 1976, Escher et d., 1976) e fotodiodo (Wieder et d., 1977).

A LP-MOCVD foi aplicada pela primeira vez ao crescimento de InP utilizando os alquilos metálicos trietil índio ((C2H5),1n, TEI) e fosfina PH, como fonte de fósforo (P) por Duchemin et al., (1979). Uma revisão de Razeghi, 1984, descreveu os avanços no domínio antes de 1984. Os desenvolvimentos desde 1984 no crescimento de materiais à base de InP para dispositivos optoelectrónicos e de micro-ondas[1.

A Tabela 7 mostra um estudo das diferentes heteroestruturas deformadas realizadas simultaneamente para o crescimento LP-MOCVD deInP emInP, GaAs eInAs substratos com orientações de (100) colocados adjacentes uns aos outros dentro do reator para uma temperatura de crescimento de 550 °C.

TABELA 7: HETEROSTRUTURA ESTRUTURADA CRESCIDA POR LPMOCVD.

Substrato	**Primeira epilayer**	**Segunda epilayer**
InP	GaAs	
InP	InAs	
GaAs	InP	
InP	GaAs	InAs
Inp	$Ga_{0,47}In_{0,53}$Como	$Ga_{0,49}In_{0,51}$P
GaAs	$Ga_{X}In_{1-X}$ Como	
GaAs	InP	$Ga_{X}In_{1-X}As_{y}P_{1-y}$

- Na análise por Espectrometria de Massa de Iões Secundários (SIMS), utilizam-se os iões secundários emitidos pelo bombardeamento da superfície em estudo, por um feixe de iões energéticos (,$O_2^+ Ar^+$, ouCs^+ geralmente), em que os iões secundários fornecem a informação sobre a composição da amostra.
- Utiliza-se um espetrómetro de massa para estimar a massa dos iões de impureza
- As medições da intensidade dos iões secundários são efectuadas por um multiplicador de electrões.

A curva de oscilação da difração de raios X sobre a reflexão (400)K_{α} da epicamadaInP no substratoGaAs e da epicamadaGaAs no substratoInP é apresentada na Figura 17. A curva de oscilação da difração de raios X da heteroestrutura deInAs – GaAs no substratoInP é apresentada na **Figura 18**

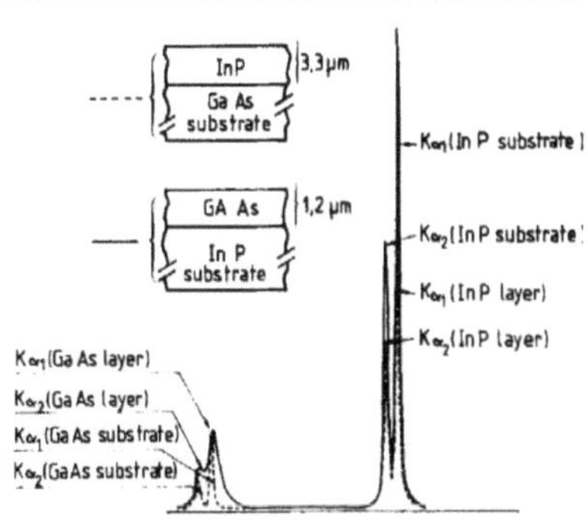

Figura.17: Curva de balanço da difração de raios X de (400)CuK_α reflexão da epicamada de InP sobre substrato de GaAs e da epicamada de GaAs sobre substrato de InP.[1]

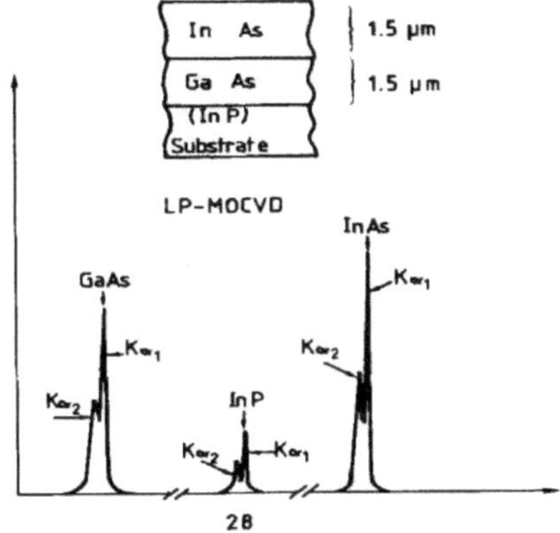

Figura.18: Curva de balanço de difração de raios X de (400)CuK_α reflexão da heteroestrutura InAs-GaAs-InP crescida por LP-MOCVD.[1]

A camada de InP crescida num substrato semi-isolante dopado com FeInP por LP-MOCVD em condições normais de crescimento foi estudada por SIMS. A acumulação de impurezas, comoMg, Fe, Cr, Mn, eSi , foi detectada por SIMS na interface entre o substrato e a epicamada. Os limites de deteção das impurezas, que foram medidas, são Mg, Cr, Mn: 5 . 10^{12} at. cm^{-3}, Fe: 1 . 10^{13} at.cm^{-3}, e Si: 7 . 10^{13} at.cm^{-3}. **Figura.19**

Foi observado um fenómeno semelhante nas epilayer de GaAs cultivadas por MOCVD (Huber et al., 1982). A acumulação destas impurezas pode ter diferentes origens, tais como as seguintes:

- Incorporação de uma impureza da fase gasosa ambiente durante o pré-aquecimento.
- Incorporação de impurezas resultantes da exposição ao ar.
- Contaminação do substrato pelo ataque químico antes da
- Incorporação de impurezas durante o condicionamento in situ com HC1.
- Difusão de impurezas do substrato para a epilayer.
- O efeito da orientação do substrato na redistribuição de impurezas.

A concentração de impurezas na interface deInP – GaAs é inferior à deInP/InP ou .InP/InAs

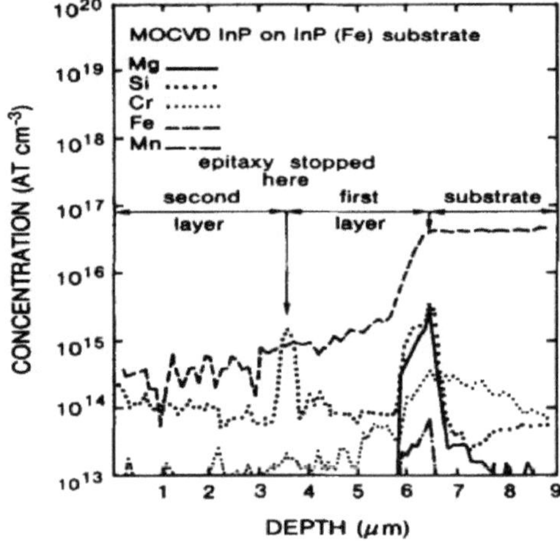

Figura.19: Perfis de profundidade de Mg, Si, Cr, Fe e Mn num substrato de InP (Fe) MOCVD. A epitaxia foi interrompida e a bolacha foi retirada do reator. Uma segunda camada foi cultivada sobre a primeira camada[1]

O espetro Auger da superfície das camadasInP e da interface camada epitaxial-substrato é mostrado na **Figura 20**, podendo-se ver que não há impurezas na interface (a). O espetro Auger da superfície da epicamada de InP (b) mostra a presença deO eC , bem como deP e .In

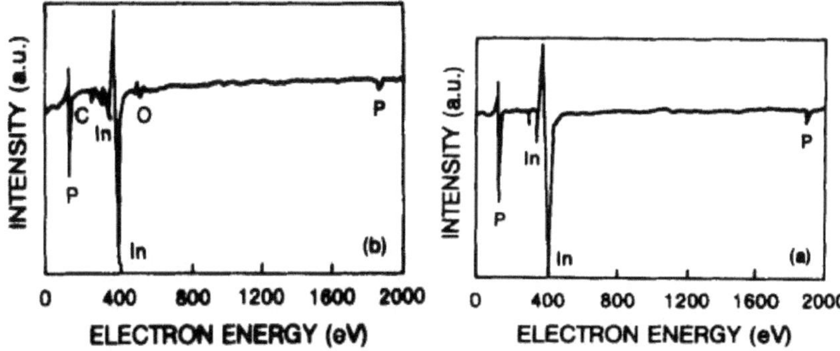

Figura.20: Espectro Auger para (a) a interface InP epilayer-substrato; (b) a superfície da epilayer. (De Razeghi, 1985, em "Lightwave technology for communication," (W. T. Tsang, ed.) Academic Press, New York.)[1]

As ligas semicondutoras à base deInP , definidas como tendo um intervalo de energia$E_g < 2.0\ eV$, são enumeradas na **Tabela 8** juntamente com os seus parâmetros de rede.

TABELA 8: PARÂMETROS FÍSICOS DE MATERIAIS À BASE DE INP

Compound	Energy gap (eV)	Lattice parameter (Å)
InP	1.35	5.869
$Ga_{0.25}In_{0.75}As_{0.5}P_{0.5}$	0.95	5.869
$Ga_{0.40}In_{0.6}As_{0.85}P_{0.15}$	0.80	5.869
$Ga_{0.47}In_{0.53}As$	0.75	5.869

O fluxo de fontes utilizado no LP-MOCVD pode ser listado como o seguinte:[1]

- fontes do grupo III: trietilíndio (TEI) e trietilgálio (TEG)
- fontes do grupo V: Hidretos de arsina pura (ASH, e fosfina pura (PH,)
- gases portadores: Foram utilizados como gases portadores o hidrogénio puro (H,) e o azoto puro (N,)
- Dopagem do tipo P: É utilizado o dietilzinco (DEZ)
- dopagem do tipo n: foram utilizados sulfuretos H,S ou silano H,Si
- A presença de H: hidrogénio é necessária para evitar a deposição de carbono

- A presença de N: azoto é necessária para eliminar a reação parasita entre TEI e ASH, ou PH

O processo de crescimento a baixa pressão das diferentes camadas listadas na **Tabela 9** é apresentado pelas condições óptimas para o crescimento dessas camadas

QUADRO 9: PARÂMETRO DE CRESCIMENTO OTIMIZADO

(1.3 μm)		InP	GaAs	InAs	GaP	GaInAs	GaInP	GaInAsP
Growth temperature	°C	550	550	550	550	550	550	630
Total flow rate ($N_2 + H_2$)	l/min	6	6	6	6	6	6	74
N_2/TEI bubbler flow	cm^3/min	200	–	200	–	200	200	350
H_2/TEG bubbler flow	cm^3/min	–	120	–	120	120	120	120
PH_3 flow	cm^3/min	300	–	–	300	–	300	530
AsH_3 flow	cm^3/min	–	90	90	–	90	–	21
Growth rate	Å/min	100	100	100	100	200	200	150

$Al_xIn_yGa_{1-x-y}P$ é um material importante para díodos emissores de luz visível de elevado brilho, como os utilizados em sinais de trânsito, semáforos e aplicações automóveis, e para células solares. Este material pode ser combinado em rede comGaAs e é normalmente cultivado heteroepitaxialmente neste substrato. Este material é cultivado por MOVPE na gama de600 a650°C . As fontes de metilo na combinaçãoTMAl + TMIn + TMGa + PII_3 pressões de crescimento até1 atm podem ser utilizadas sem reacções parasitas.[2]

O desnível de energia deste material, em correspondência com a redeGaAs , é dado por

$$E_g = 1.91 + 0.61x \qquad (47)$$

Além disso, em$y$ = 0,5 o material$Al_xIn_yGa_{1-x-y}P$ corresponde à constante de treliça do substratoGaAs , então a composição química deste material será escrita como .$(Al_xGa_{1-x})_yIn_yP$

O modo de crescimento baseado na fase de vapor obteve um êxito importante no desenvolvimento de dispositivos heteroepitaxiais. A epitaxia em fase vapor produz diferentes modos de crescimento, sendo notável o facto de cada modo poder ser utilizado para desenvolver um tipo diferente de dispositivos, de acordo

com a morfologia da superfície resultante, como o crescimento bidimensional (o modo de Frank-van der Merwe) é utilizado para a produção de interfaces planas em dispositivos. O modo de crescimento de Volmer-Weber (VW) ou Stranski-Krastanov (SK) parece formar ilhas na superfície de crescimento, que são consideradas pontos quânticos. As camadas tampão graduadas são o exemplo mais importante desta situação e têm sido utilizadas em dispositivos comerciais, tais como $GaAsP/GaAs$, que são os díodos emissores de luz (LED), e$InGaAs/GaAs$, que são os transístores de alta mobilidade eletrónica (HEMT).
A interface das ligas representa a chamada região de transição. Para o caso de$InP/GaAs$, a composição da interface é$Ga_xIn_{1-x}As_yP_{1-y}$ com$0 \leq x, y \leq 1$, pelo que a análise Auger[1] mostra que a composição química diferente forma três regiões que constituem a interface de acordo com a dipper ou a espessura a partir do substrato de GaAs,

Uma região de espessura= $150\, A°$, parece ser a ausência deIn , a sua composição química é$GaAs_yP_{1-y}$, com$0.87 < y < 1$ que corresponde à *adsorção de*As e à *absorção de*P devido ao aquecimento do substrato de GaAs sobPH_3 , antes do crescimento. Este problema pode ser resolvido aquecendo o substrato GaAs sobAsH_3 , pressão, antes de introduzirPH_3 , no reator.
-2 A região média corresponde à espessura de $120\ A°$. A sua composição química é$Ga_xIn_{1-x}As_yP_{1-y}$, todos os quatro componentes estão presentes com $0 \leq y \leq 0.87, and\ 0.24 \leq x \leq 1$.
-3 A terceira região, a sua espessura= $115 - 130\, A°$, onde As está ausente, e a sua composição química éPGa_xIn_{1-x}, com .$x < 0.24$

Uma vez que a equação (40) indica a variação da energia de bandgap com a composiçãox , é possível alterar a energia de bandgap mudando$x$ para$Ga_xAl_{1-x}As$ material do sistema$(Ga, Al)As$ em$GaAs$ (ver figura 1) como exemplo e, por conseguinte, o comprimento de onda de emissão dos LED e dos lasers será alterado.[3]

2- O método soluto, síntese, difusão (SSD)

Em 1973, para produzir cristais de GaP de alta qualidade e evitar os dispendiosos aparelhos de crescimento a alta pressão, Kaneko et al. desenvolveram um método de crescimento denominado *"soluto, síntese, difusão" (SSD).*

O princípio é mostrado na **Figura 21**: o índio e o fósforo são selados sob vácuo numa ampola de quartzo e o fósforo é aquecido a uma determinada temperatura, de modo a obter uma pressão de vapor de fósforo inferior a uma atmosfera. O vapor de fósforo é dissolvido na massa fundida de índio até à composição de saturação. Uma vez que a temperatura no fundo do cadinho é inferior à da superfície de fusão do índio , o fósforo dissolvido difunde-se da superfície de fusão em direção ao fundo do cadinho[1].

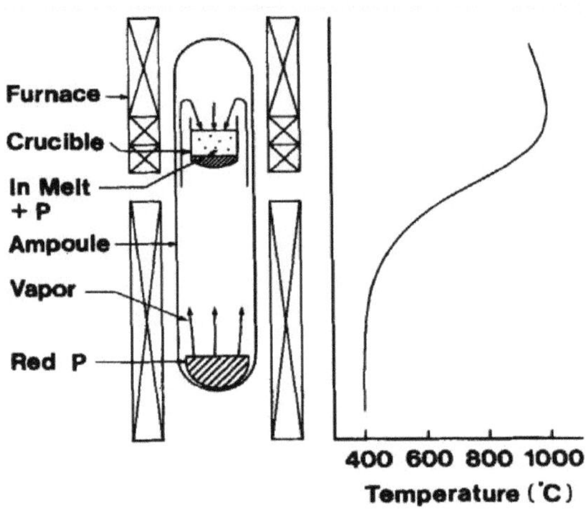

Figura.21: Princípio da síntese pela técnica de difusão de soluto (SSD). O fósforo vaporizado do fundo da ampola é dissolvido na fusão do índio e o InP precipita no fundo do cadinho[1].

Quando a composição de fósforo é aumentada no fundo do cadinho, e excede a composição de saturação,InP os policristais crescem a partir do fundo do cadinho. Kubota e Sugii (1981) tentaram aplicar esta técnica. Para o crescimento deGaP (Gillessen e Marshall, 1976a; 1976b), foi utilizado o líquidoGa exposto a um vapor deP cerca de 1 bar em vez de índio e fósforo (**Figura 21**). Para atingir este valor de pressão, o fósforo vermelho deve ser mantido a cerca de .420 $°C$

A técnica SSD tem, no entanto, a desvantagem de a taxa de crescimento do método SSD ser muito lenta, A taxa de crescimento foi muito pequena, como mostra a **Figura 22**. O coeficiente de difusão do fósforo na fusão de índio em ,$900°CD_p$ calculado a partir dos dados foi .$2 - 9 \times 10^{-5} cm^2/sec$

Kubota e Sugii (1984) tentaram melhorar a desvantagem anteriormente mencionada da técnica SSD. No seu procedimento, a que chamaram SSD controlada pela taxa de crescimento (GRCSSD), aumentaram o gradiente de temperatura axial,dT , entre a superfície do índio fundido e a interface sólido/líquido . QuandodT é aumentado, o fluxo líquido de fósforo na massa fundida de índio aumenta.

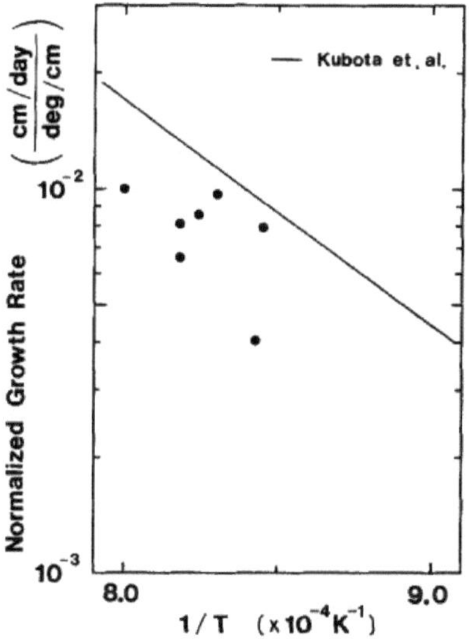

Figura.22: Taxa de crescimento normalizada e temperatura de crescimento. A taxa de crescimento normalizada é a taxa de crescimento dividida pelo gradiente de temperatura axial. A síntese SSD foi efectuada com um lote de 700 g. Os dados são comparados com os dados (a linha sólida) de Kubota et al. (1984).[1]

A técnica SSD tem a vantagem de o crescimento ser efectuado a temperaturas mais baixas, aumentando assim a pureza. **A Figura 23** mostra a concentração de portadores e os dados de mobilidade para os policristais SSD cultivados no nosso laboratório. Na **Figura 23**, os dados relativos aos policristais HB são também apresentados para comparação. É possível observar que a técnica SSD produz policristais de InP com maior pureza.

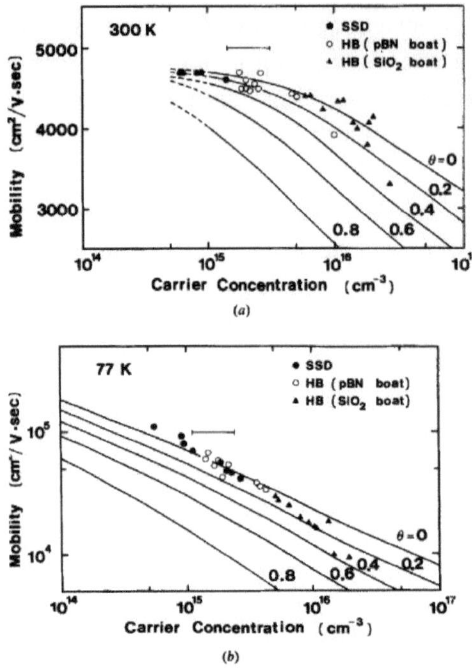

Figura.23: Propriedades eléctricas dos policristais SSD. Os dados dos policristais HB são também apresentados para comparação. As linhas sólidas são o cálculo teórico (Walukiewicz et al., 1980). Aqui,θ significa o rácio de compensação (concentração de aceitador N,/concentração de doador Nd).[1]

O fósforo vermelho sublima e transforma-se em gás quando aquecido acima de$416\ °C$ (temperatura de sublimação). Existem duas estruturas para o gás, uma estruturaP_4 (fósforo sólido branco) a uma temperatura mais baixa (super-resfriado, o fósforo branco tem um ponto de fusão de$44\ °C$) e uma estruturaP_2 (fósforo vermelho sólido) a uma temperatura mais alta de cerca de .$500 - 600\ °C$

Um esquema do sistema de síntese é mostrado na **Figura 24**. Os materiais de partida são fósforo vermelho sólido e índio sólido.

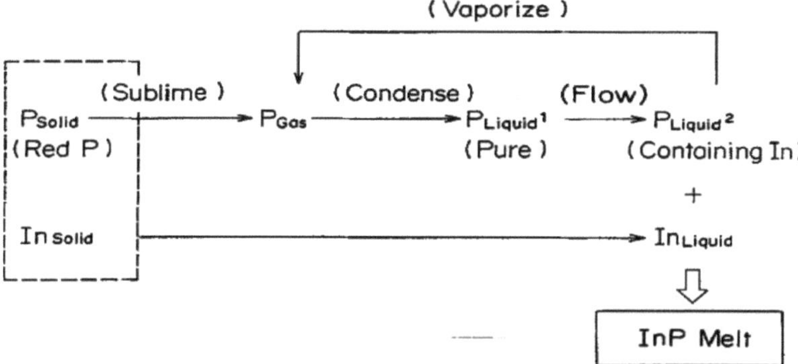

Figura 24: Princípio da síntese do fosforeto de índio utilizando fósforo líquido e a transição de fase cíclica do fósforo. [1]

3- Caraterísticas macroscópicas fundamentais:

Em termos estritos, todas as caraterísticas macroscópicas fundamentais dos cristais, como a homogeneidade, a anisotropia e a simetria morfológica, são o resultado da ordem interna dos cristais a nível microscópico. Deve notar-se que a disposição periódica das unidades de construção (átomos, grupos de átomos, iões e moléculas) dos cristais já tinha sido prevista pelos cientistas a partir dos seus estudos exaustivos das propriedades macroscópicas dos cristais, muito antes de von Laue, Friedrich e Knipping confirmarem experimentalmente a ordem periódica dos cristais através das suas famosas experiências de difração de raios X em 1912. Um ano mais tarde, o pai William H. Bragg e o filho William L. Bragg resolveram as primeiras estruturas cristalinas $(NaCl, KCl, CaF_2, ZnS, FeS_2, NaNO_3, \text{and } CaCO_3)$ a partir de dados de raios X. Atualmente, a análise da estrutura cristalina através da difração de raios X, de electrões e de neutrões está bem desenvolvida e é aplicada por rotina. Além disso, as técnicas microscópicas modernas, como a microscopia eletrónica de transmissão de alta resolução (HRTEM), permitem a obtenção direta de imagens da disposição atómica em estruturas cristalinas. **A figura. 25a** mostra uma imagem HRTEM de um cristal (100) orientadoGaAs e o correspondente padrão de difração de electrões. Para as condições de imagem aplicadas e a espessura do espécime indicada, os pontos brancos representam as filas atómicas projectadas [100] ao longo do eixo da zona. Podemos facilmente construir uma rede onde os nós são ocupados por átomos, reflectindo a sua disposição periódica. O padrão de difração correspondente (**Figura 25b**) é constituído por pontos nítidos (picos de Bragg) situados também numa rede. Esta é a chamada rede recíproca do cristal.

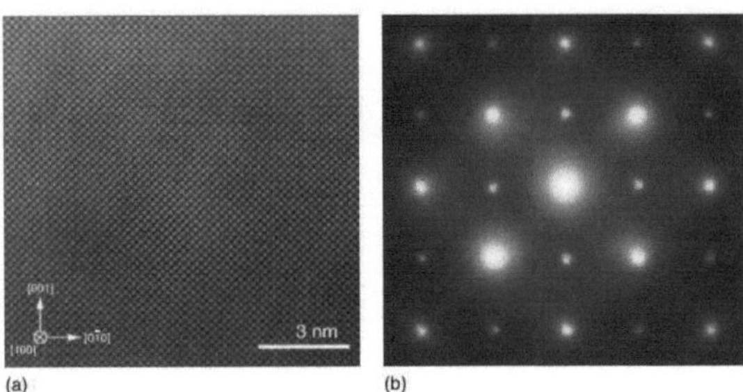

Figura 25: (a) Micrografia HRTEM de GaAs orientado para [001]. (b) O padrão de difração de electrões correspondente.

No que diz respeito às caraterísticas macroscópicas, podemos simplesmente definir os cristais como sólidos anisotrópicos homogéneos. Estes sólidos são compostos por um arranjo periódico tridimensional da matéria, que forma a estrutura microscópica do cristal. A ordem periódica pode ser descrita matematicamente por redes de translação. A "decoração" dos pontos da rede com matéria (átomos, iões e moléculas) gera então a estrutura cristalina. Até agora, esta definição de cristais está estritamente ligada à ordem e à periodicidade. A periodicidade significa uma repetição periódica infinita de uma unidade estrutural básica em todas as direcções por translação. A caraterística macroscópica da homogeneidade só é estritamente cumprida quando consideramos uma rede espacial infinita com pontos de rede idênticos e uma envolvente idêntica.

Após o crescimento das caraterísticas do cristal para determinar a sua qualidade, estas caraterísticas devem ser expostas à investigação para determinar a sua resposta aos Critérios de Qualidade do Cristal que são os seguintes

- Grau de cristalinidade: pode ser determinado por experiências de difração que nos mostram se foi cultivado um cristal único, um cristal texturizado, um policristal ou um cristal amorfo.

- Grau de pureza e Grau de homogeneidade.
- Perfeição estrutural: a perfeição estrutural intimamente relacionada com o grau de cristalinidade é a chamada *mosaicidade* de um cristal. A mosaicidade é medida por experiências de difração de raios X com curva de balanço.
- Cristais sem tensões: um estado de tensão elevado pode destruir o cristal e causar defeitos estruturais adicionais durante a maquinagem do cristal.
- Tamanho e forma: a forma dos cristais é necessária para muitas aplicações técnicas. Para evitar a perda de material cristalino valioso após o crescimento dos cristais através da maquinação de colectores, são normalmente aplicadas técnicas de processamento de crescimento que permitem o crescimento de cristais com tamanho e forma específicos.
- Fabrico de cristais com custos reduzidos.
- O processamento e maquinação de cristais mantém todos os passos (por exemplo, corte, polimento, estruturação e dopagem) desde o cristal crescido até ao produto final. Durante a maquinagem e o processamento, podem ser gerados defeitos adicionais no cristal. (por exemplo, rugosidade da superfície).

4- Cristais de diamante:

Os cristais de diamante, cuja beleza se deve às suas propriedades ópticas (o elevado índice de refração (n_B = 2.407 para o vermelho, linha B de Fraunhofer 686,7 nm, en_G = 2.415 para o violeta, linha G de Fraunhofer 430,8 nm)), são um bom exemplo para ilustrar como os critérios de classificação da qualidade dos cristais dependem do campo de aplicação.

O esquema de classificação baseia-se na presença de azoto e no tipo de defeitos de azoto num diamante. Cerca de 98% de todos os diamantes pertencem ao tipo **I**, que contém uma concentraçãoc_N de impurezas de azoto (c_N > 1 ppm) detetável por espetroscopia de infravermelhos (IR). Os diamantes do tipo **II** têm uma concentração de azoto (c_N <1 ppm), que é inferior ao limite de deteção da espetroscopia de infravermelhos.
Os tipos **I** e **II** subdividem-se em***a*** e . ***b***
Os diamantes do tipo **Ia**, por exemplo, têm uma concentração muito elevada de azoto ($c_N \leq$ 3000 ppm) na forma agregada.

As cores típicas dos diamantes naturais correlacionadas com os quatro tipos são as seguintes

Ia: incolor, castanho, rosa, violeta

Ib: castanho, amarelo, laranja

IIa: incolor, castanho, ocasionalmente rosa

IIb: azul, cinzento-azulado.

O nitrogénio é a impureza mais importante (tipos de centros de defeitos) no diamante e está presente em pelo menos50 centros de cor diferentes. Para além do azoto, os seguintes elementos formam centros de cor no diamante:H, He, Li, B, O, Ne, S, Si, P, Ti, Cr, Co, Ni, Zn, As, Zr, Ag, Xe, Ta, W, e . Tl

Uma alteração das propriedades ópticas do diamante, como a absorção de luz, está fortemente relacionada com a presença de azoto. Por conseguinte, o sistema de classificação física do diamante baseia-se na concentração de azoto.

Atualmente, quase todos os diamantes sintéticos são produzidos pelo método HPHT (alta pressão e alta temperatura) ou pelo método CVD. A síntese de diamantes através da técnica HPHT é efectuada a pressões de4- 6 GPa e a temperaturas de $1400-1600\ °C$. A síntese de diamantes CVD de última geração permite o crescimento de camadas espessas de diamante monocristalino em substratos de diamante monocristalino, tipicamente em placas de alta qualidade cultivadas por HPHT (tipo **Ib**)

REFERÊNCIA

1. Editores de volume R. K. WILLARDSON, ALBERT C. BEER , Indium Phosphide: Crystal Growth and Characterization, SEMICONDUCTORS AND SEMIMETALS Volume 31 , COPYRIGHT @ 1990 BY ACADEMIC PRESS, INC.
2. John E. Ayers, HETEROEPITAXY OF SEMICONDUCTORS: THEORY, GROWTH, AND CHARACTERIZATION, 2007 por Taylor & Francis Group, LLC.
3. Klaus-Werner Benz e Wolfgang Neumann, Introduction to Crystal Growth and Characterization (1ª Edição) (Com uma contribuição de Anna Mogilatenko), © 2014 Wiley-VCH Verlag GmbH & Co. KGaA, Boschstr. 12, 69469 Weinheim, Alemanha.
4. Abdelkader Benzian, Introdução à espetroscopia eletrónica para a caraterização de superfícies, Academia Mundial de Ciência, Engenharia e Tecnologia, Jornal Internacional de Engenharia Química e Molecular Vol:15, No:7, 2021
5. https://sciencenotes.org/triple-point-of-water/
6. https://cushman.host.dartmouth.edu/, Curso de Benoit Cushman-Roisin Professor de Ciências da Engenharia (Notas de curso - capítulo 2) (2023)

Printed by Books on Demand GmbH, Norderstedt / Germany